"十四五"时期国家重点出版物出版专项规划项目
国家自然科学基金青年科学基金项目（52208091）

中国城乡可持续建设文库
丛书主编 孟建民 李保峰

Study on the Early-Warning of Wetland Landscape Ecological Security for the Coal Resource-Based Cities in Eastern Huang-Huai

黄淮东部煤炭资源型城市湿地景观生态安全预警研究

周士园 常 江 著

华中科技大学出版社
http://press.hust.edu.cn
中国·武汉

图书在版编目（CIP）数据

黄淮东部煤炭资源型城市湿地景观生态安全预警研究 / 周士园, 常江著. -- 武汉：华中科技大学出版社, 2022.12
（中国城乡可持续建设文库）
ISBN 978-7-5680-9016-2

Ⅰ. ①黄…　Ⅱ. ①周…　②常…　Ⅲ. ①沼泽化地-生态安全-预警系统-研究-中国
Ⅳ.①P942.078

中国版本图书馆CIP数据核字（2022）第243784号

黄淮东部煤炭资源型城市湿地景观生态安全预警研究　　　　周士园　常江　著
Huang-Huai Dongbu Meitan Ziyuanxing Chengshi Shidi Jingguan Shengtai Anquan Yujing Yanjiu

出版发行：华中科技大学出版社（中国·武汉）　　　　电话：（027）81321913
地　　址：武汉市东湖新技术开发区华工科技园　　　　邮编：430223

策划编辑：周永华
责任编辑：周江吟　　　　　　　　　　　　　　　　封面设计：王　娜
责任校对：李　弋　　　　　　　　　　　　　　　　责任监印：朱　玢

录　　排：华中科技大学惠友文印中心
印　　刷：湖北金港彩印有限公司
开　　本：710 mm×1000 mm　1/16
印　　张：15
字　　数：251千字
版　　次：2022年12月第1版　第1次印刷
定　　价：98.00元

作者简介

　　周士园，河北石家庄人，中国矿业大学建筑与设计学院讲师，2020 年获中国矿业大学工学博士学位。主要从事景观规划与设计、城市更新、矿区生态修复等领域的研究工作。主持国家自然科学基金青年科学基金项目"采煤沉陷扰动下黄淮东部煤炭资源型城市湿地生境质量演变及网络优化（52208091）"、中国矿业大学启航计划项目"黄淮东部煤炭资源型城市湿地生态安全预警研究"。此外，参加 3 项国家自然科学基金面上项目、2 项市级科技计划项目。先后参与完成淮北、徐州、济宁、颍上、塔城等多个资源型城市的生态修复规划项目。发表 8 篇学术论文和学术报告，参编学术专著 1 部。

　　常江，山西太原人，中国矿业大学建筑与设计学院教授、博士生导师，建筑与城市规划研究所所长。2002 年获德国波恩大学城市规划博士学位，柏林工业大学访问学者，与德国莱布尼茨生态空间规划研究院和柏林工业大学景观与环境规划研究所有着长期的合作关系。主要研究方向为矿业城市更新、矿区生态重建、采矿迹地再利用和工业遗产保护与开发等。主持国家自然科学基金 3 项、中德合作项目 3 项、中法合作项目 1 项，主持和参与其他纵横向项目 80 余项，在《中国园林》《中国煤炭》《现代城市研究》等学术期刊发表学术论文 80 余篇，出版专著 10 部。

前　言

　　湿地是地表水陆相互作用所形成的特殊生态系统，具有显著的景观异质性，是自然界生物多样性较高、生态服务功能较丰富的景观类型。湿地也是山水林田湖草沙生命共同体的重要组成部分。湿地生态系统的稳定性和可持续性直接关系着区域的生态安全。在国土空间治理和生态修复中，湿地是重要的生态资源，湿地的景观演化对生态网络格局的构建具有重要影响。然而，湿地又是一种脆弱的生态系统，它容易受到各类干扰因素的影响。相关研究表明，人为活动导致的土地利用变化和气候变化已经成为影响全球湿地景观演化的主要驱动力。保护及合理利用珍贵的湿地资源，并探索湿地生态修复的空间策略，已成为当前国土空间规划的重要内容。

　　在资源型城市中，矿产资源的开发对生态环境形成了强烈的扰动。在我国262座资源型城市中，煤炭资源型城市达84座，数量最多且分布最广。煤炭资源开发带来的环境问题十分严峻，其中尤为突出的是土地沉陷问题。据统计，我国90%以上的煤矿为井工开采，每万吨原煤的采出会引发0.2 hm^2的土地沉陷，地表沉陷范围约为开采面积的1.2倍，由此导致的土地沉陷规模高达135万公顷。《中华人民共和国国民经济和社会发展第十三个五年规划纲要》和《中华人民共和国国民经济和社会发展第十四个五年规划和2035年远景目标纲要》中均重点提出了关于采煤沉陷区的转型和治理问题。黄淮东部地区煤炭资源型城市属典型的高潜水矿区，煤炭资源开采后地表沉陷规模大且积水比重高。采煤沉陷过程重塑了流域地貌并改变了原有的湿地水文过程，这对该地区湿地景观格局和生态过程的稳定性及完整性产生了威胁。但与此同时，采煤沉陷积水所形成的新生湿地有利于改善该地区的景观异质性，为生物多样性的提高提供契机。因此黄淮东部煤炭资源型城市湿地生态修复受到了湿地学、城市规划学、生态学、水文学和开采沉陷学等多学科学者的关注。

当前我国正处于国土空间规划体系改革的重要阶段，保护和修复生态环境成了国土空间规划的主要目标之一。为了衔接全国和省级生态保护格局、落实生态修复目标，各省、市、县正逐步建立分级分类国土空间生态修复规划。湿地生态系统修复成为黄淮东部煤炭资源型城市国土空间生态修复规划的重要内容。同时，《中共中央国务院关于建立国土空间规划体系并监督实施的若干意见》（中发〔2019〕18号）提出"依托国土空间基础信息平台，建立健全国土空间规划动态监测评估预警和实施监管机制"，本书有关研究正是在这一背景下展开的。通过长期的理论和实践研究可以发现，采煤沉陷地区湿地生态保护与修复有显著的特殊性。规划中面临的主要问题在于自然湿地减少和采煤沉陷湿地扩张导致景观格局不稳定。因此，仅依据现状调查的静态规划机制难以适应湿地的实际演化情况，造成规划的科学依据不充分和可行性不足。在探索湿地生态修复的空间策略时面临两个关键问题：①如何实现对黄淮东部地区煤炭资源型城市湿地景观动态演化过程的模拟和预测；②如何建立适合黄淮东部地区煤炭资源型城市湿地特征的景观生态安全评价方法和预警机制，从而为湿地生态规划的编制提供信息反馈。

本书从优化湿地生态规划的视角出发，针对黄淮东部地区煤炭资源型城市湿地的景观生态安全问题，在融合景观生态学、湿地学和生态规划学理论与方法的基础上，提出了"动态模拟—景观生态安全评价—预警反馈"的研究框架，并以淮北市为例进行了深入剖析。首先，利用1988年、2002年和2018年的遥感数据和地理信息系统（geographic information system, GIS）建立了湿地景观演化监测数据库，模拟了淮北市从成长期到成熟期再到衰退期湿地景观的动态变化过程。其次，综合经济、社会、自然、区位和政策的空间统计数据，定量分析了30年间湿地景观演化的驱动机理。再次，采用情景模拟的方法预测了2034年湿地景观格局在趋势发展情景、快速城镇化情景、农田恢复情景和湿地生态保护情景下的动态变化。最后，在此基础上，综合评价了不同时期淮北市湿地的景观生态安全水平。本书能够为矿区生态修复、资源型城市国土空间规划以及湿地生态修复与保护等相关工作提供新的思路和方法。

全书共 8 章。第 1 章为绪论，对黄淮东部煤炭资源型城市湿地保护面临的问题和国内外相关研究进展进行了概述。第 2 章对黄淮东部煤炭资源型城市湿地的景观特征及景观演化的影响进行了总结。第 3 章至第 5 章是在提取淮北市近 30 年湿地景观格局信息的基础上，采用 Logistic-CA-Markov 模型对淮北市湿地景观的演化趋势进行了多情景模拟分析。第 6 章采用 PSR 模型对不同情景下淮北市湿地的景观生态安全进行了综合评估，识别最优发展情景。第 7 章结合我国当前湿地生态保护规划体系构建了湿地景观生态安全预警机制，制订了湿地景观生态安全调控策略。第 8 章对全书进行了总结，并指出未来研究的方向。

本书基于课题组长期的相关理论和实践研究成果而展开，受到了国家自然科学基金"采煤沉陷扰动下黄淮东部煤炭资源型城市湿地生境质量演变及网络优化（522080901）"、徐州市科技计划项目"徐州市采煤塌陷湿地生态修复及绿色开发利用技术研究与应用示范（KC21145）"和中国矿业大学启航计划项目"黄淮东部煤炭资源型城市湿地生态安全预警研究"的资助。

湿地是复杂的生态系统，黄淮东部煤炭资源型城市中湿地的景观演化更是受到了特殊的干扰，亟须进行多学科交叉的研究。鉴于作者水平的局限性，书中很多内容有待进一步完善，希望读者能够批评指正。

周士园

2022 年 10 月

目　录

1

绪 论

1.1 研究背景与意义

1.1.1 黄淮东部地区煤炭资源型城市

资源型城市是以当地自然资源的开采和加工为主导产业的城市。根据主导资源的类型不同，资源型城市可分为煤炭资源型城市、石油资源型城市等 6 种类型。资源种类及其开采、加工方式的差异对城市发展和环境产生的影响也不尽相同。其中，煤炭资源型城市是我国各类资源型城市中数量最多、分布最广的一类。由于矿产资源的有限性和不可再生性，资源产业和资源型城市的发展具有显著的周期性。在长期高强度的开采后，自然资源终将面临枯竭。受此影响，资源型城市也将步入发展周期的衰退阶段。依据《全国资源型城市可持续发展规划（2013—2020 年）》中资源型城市的分类结果，在进入衰退期的资源型城市中煤炭资源型城市数量最多，达到 33 座。此类城市中开采沉陷区引发的环境问题尤为突出，我国"十四五"规划中明确提出"推动资源型地区可持续发展示范区和转型创新试验区建设，实施采煤沉陷区综合治理和独立工矿区改造提升工程"。

黄淮地区地处我国华北平原腹地，是指黄河以南淮河以北所含的河南、安徽、江苏和山东四省地区，以东经 116°经线为界可以分为东部地区和西部地区 [1]。黄淮东部地区总面积达 $2.921 \times 10^5 \text{ km}^2$，包括徐州、连云港、亳州、宿州、商丘、开封等 31 个地级市。黄淮东部地区矿产资源储量丰富，历来是我国重点开发区域。依据国务院颁布的《全国主体功能区规划》，黄淮东部地区是我国"重点进行工业化、城镇化开发的城市化地区"。同时，黄淮东部地区也是我国煤炭资源的重要产区，资源开发的历史悠久。一大批早期投产的煤矿为我国工业化的起步和发展提供了重要的能源保障，如枣庄的中兴煤矿（1878 年）、徐州的韩桥煤矿（1882 年）、淄博的大成煤矿（1899 年）等矿区，开采历史均在百年以上。时至今日，我国 13 个亿吨级煤炭能源基地中的两淮煤电基地、鲁西煤炭基地以及河南东部的永夏矿区都位于黄淮东部地区，因此，黄淮东部地区也是我国煤炭资源型城市较为密集的区域。

除此之外，江苏省徐州市和山东省淄博市原为以煤炭资源开发为主的城市，现由于煤炭资源的枯竭和城市产业结构的转型逐步发展为综合型城市。但长期的煤炭资源开发对城市的生态环境形成了强烈的扰动，矿区生态环境问题在一定时期内仍然存在，因此仍将徐州市和淄博市纳入统计范围。此外，由于龙口市煤矿为滨海煤矿，湿地及自然环境与其他城市有较大差异，龙口市不纳入研究范围。综上所述，本书所指的黄淮东部地区煤炭资源型城市共有 11 座（表 1-1）。

表 1-1　黄淮东部地区煤炭资源型城市分类

城市类型	城市
成长型	永城市、颍上县
成熟型	济宁市、泰安市、淮南市、亳州市、宿州市
衰退型	枣庄市、淄博市、淮北市
再生型	徐州市

1.1.2　黄淮东部地区煤炭资源型城市湿地保护面临的问题

1. 黄淮东部地区煤炭资源型城市中湿地面临着特殊的生态风险

在我国黄淮东部地区煤炭资源型城市中，湿地面临着特殊的环境问题。该地区是我国近代较早进行煤炭资源开发的地区，由于资源埋藏较深，均为井工式开采。长期的地下资源开发造成了大量的地表沉陷，从而诱发了一系列的环境问题。据统计，我国每开采 1 万吨原煤将导致 0.2 hm² 土地塌陷，地表沉陷范围约为开采面积的 1.2 倍，且仍以每年 4% ～ 5% 的速度增加 [2]。一方面，大规模的地表沉陷造成了大量的河道与湖泊被破坏；另一方面，开采沉陷引起的地表变形，在降水、地下水渗出的共同作用下形成了大片水面相连的采煤沉陷湿地。目前该地区已经成为我国采煤沉陷湿地分布最集中的地区。此外，该地区也是城镇化发展较快和传统的农业发达地区，多种干扰因素的叠加加剧了湿地景观格局的不稳定性，使得湿地生态功能退化，威胁着区域的粮食安全、水生态安全乃至整体生态系统的稳定性。在这一背景下，湿地生态修复对保障煤炭资源型城市的可持续发展具有重大意义。

习近平在《推动我国生态文明建设迈上新台阶》一文中做出了"山水林田湖草是生命共同体"的论断，湿地是这一"生命共同体"的内在组成，保障湿地的生态安全是推动生态文明建设的必然要求。国务院发布的《生态文明体制改革总体方案》明确要求"建立湿地保护制度。将所有湿地纳入保护范围，禁止擅自征用占用国际重要湿地、国家重要湿地和湿地自然保护区"。这标志着我国湿地保护已经从"抢救性保护"转向"全面性保护"。这一转变对开展湿地生态安全研究提出了新的要求。

2. 湿地生态保护与修复是构建城市生态安全格局的重要内容

随着人类对土地开发强度的加深，湿地、森林、草地等生态空间日益萎缩，土地利用发生了深刻的变化，城市的整体生态安全也受到了巨大的威胁。《全国生态环境保护纲要》提出了"维护国家生态环境安全"的目标，并将其上升至与国防安全、经济安全同等的地位。生态安全格局是维持经济、社会发展与生态系统健康平衡关系的基本屏障。生态安全格局的构建涵盖了生态修复和景观要素的优化配置两个方面[3]。湿地是城市环境中重要的景观要素，具有重要的结构性功能。湿地包括河流、湖泊、沼泽等多种形态，具有网络状的空间结构特征，它是组织连通其他类型生态空间，维持区域生态系统物质、能量和信息循环的重要脉络。并且湿地具有显著的异质性特征，在区域景观格局中具有重要的缓冲和隔离作用。因此，湿地的景观演化直接关系着城市整体景观格局的稳定性和安全性，对城市生态安全格局的构建至关重要。

在特殊的干扰作用下，黄淮东部地区煤炭资源型城市湿地的总量、构成和空间分布都发生了明显的改变，整体上具有自然湿地比重下降、景观格局破碎化的发展趋势。在这一背景下，湿地景观格局的优化已经成了黄淮东部地区各个煤炭资源型城市构建生态安全格局的重要课题，引起了景观生态学、湿地学和城市生态规划学等多学科的广泛关注[4, 5]。

3. 湿地生态规划技术和规划体系亟待完善

在黄淮东部地区煤炭资源型城市中，湿地的景观演化具有显著的动态性特征，但相关的规划普遍停留于对现状的调查分析层面，而对湿地的景观演化过程、驱动机理及未来发展趋势分析不足，这就造成相关规划滞后、内容不清、可操作性差，以及重场地设计而轻全局规划的缺陷。因此，建立适合该地区煤炭资源型城市湿地特征的规划分析方法是完善湿地生态规划的当务之急。此外，当前我国正处于国土空间规划的变革期。2018 年，自然资源部的设置为完善湿地生态规划体系提供了制度保障和重要契机。我国现有的湿地生态规划体系主要存在着规划实施监督不足、相关反馈机制不健全的问题。2019 年 5 月,《中共中央国务院关于建立国土空间规划体系并监督实施的若干意见》（中发〔2019〕18 号）中提出"依托国土空间基础信息平台,建立健全国土空间规划动态监测评估预警和实施监管机制"。在这一规划改革要求下,黄淮东部地区煤炭资源型城市亟须建立能够符合其湿地特征的景观生态安全预警机制。

综上所述,湿地在区域生态环境中具有不可替代的生态服务功能,是保障区域生态安全的重要绿色基础设施,在城市生态安全格局构建中不容忽视。但在黄淮东部地区煤炭资源型城市中,高强度的矿产资源开发和土地资源开发严重地破坏了湿地原有的景观格局。在这一背景下,科学的规划是修复湿地生态环境的重要基础。然而,通过梳理文献和实际走访调研发现,目前的湿地生态规划分析方法和规划体系尚不完善。正是在这一问题的引导下,本书从保障湿地景观生态安全的目的出发,以淮北市为例,运用地理信息技术对湿地的景观演化过程进行了模拟和预测,并在此基础上探索了湿地景观生态安全综合评价和预警方法,为完善黄淮东部地区煤炭资源型城市的湿地生态规划提供依据。

1.1.3 研究意义

在建设美丽中国和加快生态文明体制改革的时代背景下,全面保护和修复珍贵的湿地资源,平衡湿地生态安全与经济、社会可持续发展的关系是践行"五位一体"发展理念的具体体现。由于特殊的城市性质,黄淮东部地区煤炭资源型城市湿地面临着严峻的生态问题。开展湿地景观生态安全研究,对维护这些城市的整体生态安全乃至黄淮流域湿地生态安全都具有重要意义。具体而言,其理论意义和实践意义如下。

1. 理论意义

开展湿地景观生态安全研究丰富了湿地景观生态安全理论。湿地景观生态安全理论与方法已经有了较为广泛的研究和应用,其焦点在于各类干扰因素作用下自然湿地日益萎缩的问题。其主要研究结果为判断湿地景观生态安全水平的变化,从而通过采取相应的对策来保障湿地的基本结构不被破坏,避免湿地的生态功能出现不可逆的退化。在黄淮东部地区煤炭资源型城市中，一方面自然湿地同样面临着不断消失的问题，另一方面开采沉陷区积水的形成使得城市中湿地的总体规模呈增加趋势。由于新增的湿地具有生态功能不完善、生态结构脆弱的特征，尽管湿地总面积不断增加，整体生态服务功能却在退化。因此，黄淮东部地区煤炭资源型城市湿地生态问题的特殊性在于，如何在自然湿地和人工湿地此消彼长情况下，保障湿地景观格局安全。本书综合湿地景观生态安全的研究进展与黄淮东部地区煤炭资源型城市湿地生态问题的特殊性，建立了"动态模拟—景观生态安全评价—预警反馈"的研究框架，扩展了湿地景观生态安全的研究方法与应用范畴。

2. 实践意义

在黄淮东部地区煤炭资源型城市中，湿地的生态环境变化诱发了一系列的生态问题，并制约着城市的经济、社会发展，已经成为此类城市生态修复的关键课题。规划作为统筹整体土地利用和管理湿地资源的重要政策工具，在解决湿地生态问题中具有重要的引领和控制作用。因此，本书以湿地生态规划为切入点，研究结果对于优化规划分析方法和完善规划体系两个方面都具有重要的实践价值。同时，提高湿地生态规划的科学性和系统性，对于优化湿地景观格局、改善湿地生态服务功能、保护湿地乃至城市的生态安全都具有重要的现实意义。

1.2 湿地景观演化及景观生态安全研究概况

本书聚焦于黄淮东部地区煤炭资源型城市这一特殊地域中湿地的景观生态安全问题，研究范围和对象具有针对性。实践与研究表明，黄淮东部地区煤炭资源型城市湿地生态风险产生的主要原因为采矿业主导的经济、社会发展模式对土地利用形成了强烈干扰。因此，本书对湿地景观演化和景观生态安全及预警两方面的研究进展进行了总结和评述，为研究的深入开展奠定了理论基础。

1.2.1 湿地景观演化研究进展

景观生态学是开展湿地景观演化研究的基础理论。景观生态学综合了地理学空间分析的优势和生态学生态过程分析的优势，以景观空间格局、景观功能和景观动态为核心内容[6]。自 1939 年被提出以来，经过不断的发展和完善，景观生态学已经成为研究生态系统变化的重要工具。依据景观生态学的基本原理，景观是指由不同土地单元镶嵌组成的地理实体，在研究尺度上处于生态系统层次和地理区域层次之间。景观格局是指大小和形状不一的景观要素在空间上的排列组合，对生态过程和功能有着重要的影响[7]。量化分析景观格局是分析景观格局与生态过程相互作用关系的基础，能够为生态空间的规划和管理提供重要依据，因此获得了广泛的应用。自 20 世纪 80 年代至今，景观格局分析方法研究一直是景观生态学的重要内容。在北美和欧洲国家，景观格局分析方法很早就被引入湿地研究领域。湿地景观演化主要用于分析土地利用变化导致的湿地构成结构和空间分布结构的时空动态变化。随着 3S 技术 ① 的成熟，基于高分辨率遥感影像数据和地统计学的景观演化分析已经成为湿地环境监测与评估的重要方法[8]。当前国内外对于湿地景观演化的研究主要集中在以下三个方面。

1. 湿地景观格局指数分析

湿地的大小、形状及其在景观中的位置等景观格局特征的变化，都对其物质和能量的循环、物种的迁移有着重要影响。景观格局变化分析是对景观格局在不同时间上动态变化过程的研究[9]，常用的方法包括定性描述法、景观分类图叠加分析法和景观格局指数法等。其中，景观格局指数法应用较为广泛。景观格局指数是反映其结构的组成和空间配置等特征的定量指标[10]。景观格局指数包括斑块水平指数、类型水平指数和景观水平指数，不同的指数具有不同的生态学意义。湿地景观格局特征分析必须根据研究对象的尺度特征[11]和侧重研究的问题选择适合的景观格局指数[12]。

尽管国外很早就将景观格局指数引入湿地研究领域，但景观格局指数的广泛应用是在 20 世纪 80 年代遥感技术和地理信息技术成熟之后。目前湿地景观格局变化

---

① 3S 技术是遥感（remote sensing，RS）技术、地理信息系统（geographic information system，GIS）和全球定位系统（global positioning system，GPS）的统称。

分析是结合多期遥感数据和实地调查资料，完成对湿地景观的分类提取并建立连续的景观分类图集，进而选取景观格局指数，量化描述湿地形态特征、空间分布特征的变化及其所产生的各类生态效应[13, 14]。Taft 等利用遥感数据分析了美国西北部 Willamette 谷地中湿地景观结构变化对越冬鸟类和哺乳动物栖息地变化的影响[15]。Kahara 等采用平均面积指数、最大斑块指数、平均邻近度指数、斑块密度指数和连接结合度指数 5 项指标对比了美国 South Dakota 草原地区湿润年份（1979—1986）和干旱年份（1995—1999）湿地景观格局的变化，结果表明在不同的水文周期中，半永久性湿地比例的变化与湿地密度呈正相关，而季节性湿地则相反[16]。Randhir 等对 Blackstone 流域景观格局变化后水文过程的响应进行了分析，结果表明随着农田、森林的面积减少和景观破碎度的增加，流域内地下水循环作用减弱，河流洪峰形成的概率大大增加[17]。此外，湿地景观格局指数的变化也能够对湿地生态修复措施的实施效果进行反馈。美国学者 Kettlewell 等在研究湿地补偿法规对湿地景观结构的影响时，对比分析了 Cuyahoga 流域原有湿地和补偿恢复后湿地的斑块数量、大小和密度的差异程度[18]。研究发现，采取湿地补偿措施后，尽管湿地的面积有所增加，但湿地个数减少，斑块密度降低，流域的景观异质性也降低。景观格局指数分析也被应用于矿区湿地景观演化的研究中。Antwi 等在研究闭矿后矿区生境多样性和土地利用变化时，构建了包括面积、斑块密度指数、边缘密度指数等 9 项景观格局指数的指标体系，研究表明闭矿后水域的规模迅速扩大，区域景观格局呈现破碎化、线性化和单一化的特征[19]。

1995—2003 年，我国进行了首次全国湿地资源调查，3S 技术成为湿地监测的重要方法，大大提高了我国湿地研究的水平。由于人口的快速增长和经济的快速发展，湿地受到了强烈的干扰，甚至大量消失。因此，利用景观格局指数反映不同干扰模式下湿地的受损方式和程度，已成为我国湿地景观演化研究的重点（表 1-2）。20世纪 90 年代，景观格局指数分析开始被应用于全国各重点湿地资源的分析和评价。1997 年，王宪礼、肖笃宁在研究辽河三角洲湿地的景观格局特征时应用了景观多样性指数、优势度指数、景观破碎化指数和聚集度指数等 6 项指标，分析结果表明该地区湿地破碎化程度较低，具有聚集分布的特征[20]。刘红玉等采用斑块密度指数、景观斑块形状破碎化指数、景观内部生境面积破碎化指数和斑块隔离度指数着重分析了三江平原流域湿地在 50 年间的破碎化过程，结果表明，在大规模农业开发影响下，该地区湿地在斑块个体和空间结构两个方面的破碎化程度都十分显著[21]。宫兆宁等以北京市为例，采用斑块类型面积、分维数指数和多样性指数等 6 项指标，分析了高度城镇化地区湿地景观格局的变化，研究结果表明，24 年间北京湿地总量整体呈减少趋势，景观多样性呈增加趋势，而景观连通性出现降低且破碎化程度加重[22]。湿地连通性分析主要采用图论法、水文水力法、景观法等，也可采用不同的阻力面计算方法。吴钰茹等综合两类模型对黄河三角洲湿地景观连通性进行了分析[23]。

表 1-2　湿地景观演化研究中常用的景观格局指数

指数类型	常用指数
面积与密度指数	斑块数、斑块面积、平均斑块面积、斑块密度、最大斑块指数、景观类型比
形状指数	斑块边缘总长指数、斑块边缘密度、斑块平均形状指数、平均斑块分维数指数
空间分布特征指数	破碎化指数、多样性指数、均度指数、聚集度指数、连接度指数、隔离度指数、斑块聚合度指数、蔓延度指数、景观连通性指数
连通性指数	河频率、河网密度、水系环度、节点连接率、网络连接度；整体连通性指数、可能连通性指数

煤炭资源型城市湿地的景观演化成为国内研究的热点之一。Wu 等采用最大斑块指数、形状指数、聚集度指数、景观分布指数分析了不同程度的地表沉陷对景观格局的扰动特征，结果显示，与林地、农用地和园地等其他土地利用类型变化相反，采煤沉陷湿地的形状指数持续减小，表明随着沉陷范围的扩大，分散的积水区逐步合并且呈规则化的变化特征[24]。卞正富等在对徐州东部矿区土地利用演化分析中，选取了最大斑块指数、斑块密度、平均斑块分维数指数等 9 项景观单元特征指数，以及香农多样性指数、蔓延度指数、散布与并列指数 3 项景观整体特征指数，结果发现这一时期采煤沉陷湿地的斑块数量和面积增长最为显著，斑块的形状趋于复杂，同时破碎化的速度和程度高于其他土地利用类型[25]。

2. 湿地景观动态变化分析

湿地景观动态变化分析是通过空间统计学方法分析湿地景观格局连续变化的趋势与规律[26]。湿地景观动态变化包括对湿地数量变化的分析、对湿地空间分布变化程度的分析以及对湿地转化过程的模拟分析。湿地数量变化可反映一定时期内湿地规模的变化强度和速率，常用的分析方法包括土地利用变化强度模型、相对变化率模型[27]。湿地空间分布变化程度反映了湿地在空间上的聚集情况和迁移情况，常用的分析方法包括斑块质心模型、景观梯度分布模型和矢量景观方向指数。湿地转化过程定量描述了在外部干扰下，湿地与其他土地利用类型之间，以及不同湿地类型之间的相互转化关系，分析方法有 Markov 模型。

在实践中通常选择多个模型进行组合运用，综合反映湿地景观的动态变化。Ivar 等人采用线性回归模型分析了湿地斑块数量变化与景观格局特征的相关性。Opeyemi 等结合机器学习中距离和相似性度量方法及 Markov 模型模拟了美国 Kansas 都市区建设用地扩张引起的景观变化对研究区三个流域湿地的潜在影响。研究结果表明，湿地面积的减少和不透水比率有着密切的关系，并预估了受影响最大的流域单元[28]。矿区中湿地具有显著的动态性，湿地景观动态变化模型为反映动态沉陷时期积水斑块变化特征提供了重要分析方法。Marschalko 等利用连续航片分析了 2002—2012 年捷克 Kozinec 地区采煤沉陷湿地面积的增长过程，并对比分析了湿地与其他地类的转化速率[29]。

长期高强度的土地开发使得湿地面积急剧减少，与国外相比，我国在湿地研究中更加注重对湿地景观动态变化的分析[30]。Bai 等采用景观类型变化度模型、Markov 模型和景观动态度模型，分析了高寒地区湿地景观的变化特征[31]。Liu 等在向海自然保护区湿地空间分布特征研究中，采用了景观格局指数和景观梯度分布模型来反映湿地受干扰过程和退化趋势[32]。煤炭资源型城市是开展湿地景观动态变化研究的重点地区，我国学者做了大量的研究工作。彭苏萍等通过遥感影像提取淮南矿区 1992—1998 年积水扩展变化的信息，从而对矿区环境进行了动态监测[33]。李幸丽[34]、范忻[35] 在对矿区土地利用变化的研究中选用了土地利用变化度模型来反映采煤沉陷湿地在一定时段的变化程度。胡振琪等运用了地类面积变化率指数、土地利用程度综合指数、土地利用动态度、多度和重要度指数来反映煤矿区土地利用 / 覆盖的变化规律[36]。此外，应用较多的有反映积水斑块空间分布变化的质心变化模型、空间自相关分析等。黄家政等基于 1985—2010 年的遥感数据，采用 Markov 模型对淮南矿区景观格局变化进行了模拟，结果表明研究期间采煤沉陷湿地主要由耕地转化而来 [37]。

随着统计模型的不断完善，目前对于景观演化的研究已经从过程模拟向模拟预测发展。模拟模型的选择直接关系着土地利用变化预测的结果。景观演化情景模拟的模型包括数量模型和空间模型两类，数量模型主要完成对各地类面积变化的预测，而空间模型能够进一步完成对土地利用空间分布的预测。应用较为广泛的空间模型有元胞自动机 CA 模型、土地利用变化及效应 CLUE-S 模型和多智能体 ABM 模型等。赵丹丹利用 CA-Markov 模型模拟了吉林省西部湿地在当前状态情景、规划优先情景和生态安全警情中的演化趋势 [38]。李保杰利用 CLUE-S 模型模拟分析了徐州贾汪矿区整体土地利用时空动态变化趋势，结果显示在当前的趋势下，开采沉陷区水域的扩展速度将逐步下降 [39]。近年来，我国进入衰退期的煤炭资源型城市快速增加，大量城市开始探索将采煤沉陷湿地纳入城市绿地系统，为城市提供更多的生态服务功能 [40]。因此，模拟预测采煤沉陷湿地的发展趋势对于合理规划利用新生湿地资源具有重要的意义。

3. 湿地景观演化驱动力分析

湿地景观演化是自然因素和人为因素共同作用的结果。驱动力分析可揭示影响湿地景观演化的原因和作用机制，为湿地的生态调控提供依据。景观演化驱动力是综合各类因子的有机整体，在特定的问题导向和特定的时空尺度下，各驱动因子的重要性是不一致的 [41]。驱动力分析包括驱动因子的识别和各驱动因子的相对重要性分析，从而确定主导驱动因子 [42]。驱动因子的筛选主要采用的方式：依据对湿地环境变化的实际观测数据和相关的资料选取；通过专家评价根据经验判定；基于压力 - 状态 - 响应模型，通过分析潜在驱动因子与湿地景观格局响应的关系来确定 [43]。主导驱动因子的识别包括定性分析和定量分析两种方法。定性分析具有一定的主观性，难以准确反映驱动因子的作用程度。定量分析即通过引入数理统计模型，分析各驱动因子的贡献率，以确定主导驱动因子。目前湿地景观演化驱动力定量分析中应用的主要方法包括相关分析与回归分析法、主成分分析法、层次分析法等。

景观格局与驱动因子在不同的时空尺度上具有不同的作用关系。对于湿地景观演化驱动力的分析主要包括两类：单因子或特定因子对湿地景观演化作用的分析；多因子综合驱动力分析。目前欧美等国家重点针对水文因素、气候因素、地质变化因素和人为干扰因素等多个方面，对湿地景观演化的驱动力进行了定量研究。Todd 等基于水文动力学原理分析了大沼泽公园中水淹没频率、持续时间及淹没深度等水文条件的变化对湿地景观格局的影响，结果表明淹没时长比和平均淹没深度对湿地植被分布有着支配作用 [44]。Mondal 等在研究印度东 Kolkata 湿地景观演化时选取了距城市中心区距离、距道路距离、距建成区距离、距乡镇及规划区距离等 7 项区位因子，建立了湿地缩减模型，并模拟了城市扩张对湿地缩减的影响过程，结果表明，当地湿地缩减程度是由城市建设用地的扩张强度主导的。同时模拟至 2025 年发现，湿地向建设用地、农用地和城市绿地转化的趋势显著 [45]。Sica 等在分析阿根廷 Lower Paraná River 三角洲地区的湿地变化时，采用了回归树模型对经济 - 社会、土地管理和生态环境三个方面的 10 个驱动因子进行了量化分析，结果表明，14 年间淡水沼泽减少了 1/3，而减少面积的 70% 是由畜牧业引起的，其中养殖密度、水资源分配和道路是关键驱动因子 [46]。

大量研究表明，人为因素已经成为湿地景观演化的主要驱动因素。人类活动对于土地利用不同的作用方式，或直接或间接地影响着湿地的景观演化。国内在湿地景观演化驱动力研究中更为注重人为驱动因子的分析。Jiang 等在分析导致黑河中游地区湿地景观破碎化的驱动力时，选取了年平均温度和年降雨量 2 项自然因素指标，以及人口总量、农村人均收入、地区生产总值等 8 项人为因素指标，并采用冗余分析模型计算了自然因素和人为因素的累计贡献率，结果显示，农业总产值、地区生产总值和年平均温度是引起当地湿地景观破碎化的主要原因 [47]。Zhang 等分析了人为因素对长江三角洲河口湿地的干扰作用，结果表明，上游人工坝的建设、河口工程、土地复垦及生态修复工程都影响着湿地的景观演化 [48]。

煤炭资源型城市湿地的变化显著受到了资源开发的影响，国内学者对这一驱动机理进行了深入研究。由于采煤沉陷湿地的形成与变化具有显著的阶段性特征，驱动因子在时间尺度上也具有明显的分异性 [49]。动态沉陷期的研究侧重于分析积水斑块形成与扩展的驱动机理，包括以矿层地质条件、降水量、径流与地下水变化为主的内在驱动力，以采矿业的发展、矿区土地的规划管理政策、开采工艺与方法及人口变化为主的外生驱动因素。稳沉期侧重于研究人类活动对采煤沉陷湿地景观演化的影响，涉及的驱动因子包括城镇化、人口、土地复垦与利用等。自然因素方面主要为自然灾害、气候变化、水文地质环境稳定性、生态需水等。李幸丽对比分析了引发唐山南湖地区（开滦矿采煤沉陷湿地）20年来景观演化的驱动因子，结果表明地下煤炭开采是导致区域景观格局变化的重要因素，但随着开采范围的减小，经济和政策影响下的地面工程建设取代了煤炭开采的作用。气候与水文因素是积水形成的主要驱动因子，但从长期来看水域面积将不断减少。马雄德等在榆神府矿区湿地水域范围演化研究中采用模糊层次分析法分析了1990—2011年动态沉陷期内资源开采、气候因素、水源开发及生态需水对地表水体面积变化影响的权重关系[50]。此外，由于研究侧重的问题不同，各个学者也构建了其他具有针对性的数学模型，如孟磊在研究淮南泥河流域水体变化驱动力时，从各驱动因子作用的结果出发构建了水体演化采煤驱动指数，对采煤驱动的作用程度进行了定量分析[51]。

1.2.2　景观生态安全及预警研究进展

生态安全是指人类赖以生存的环境处于健康可持续的状态。生态安全是人类社会与自然环境可持续发展的综合目标，是国家整体安全体系的重要组成部分。生态安全自20世纪80年代被提出以来，迅速成为国内外城市规划建设、土地资源管理、生态环境保护等领域中的研究热点，其内涵也在不断扩展和完善[52]。1989年，国际应用系统分析研究所对生态安全的定义中强调，生态安全不仅指人的基本生活和适应环境变化的能力不受威胁，更应当包括经济和社会安全。目前，国外已经开展了从全球到地区多个尺度的生态安全监测与分析。1998年发布的《生态安全与联合国体系》对全球生态安全状况进行了初步探讨。2002年，Walter Reid组织了各国2000多名专家对全球生态系统健康状况进行了调查评估。20世纪80年代以来，荒漠化、洪涝灾害及湿地退化等生态环境问题的出现，使我国生态安全问题受到了空前的关注。《全国生态环境保护纲要》中明确指出生态安全是国家安全和社会安全的重要组成部分。此后，相关研究在我国迅速开展。肖笃宁等[53]、曲格平[54]、杨京平[55]结合我国生态环境问题对生态安全理论进行了初步论述。2016年发布的《中华人民共和国国民经济和社会发展第十三个五年规划纲要》中也提出"筑牢生态安全屏障"的要求。

景观生态安全是生态安全研究的内容之一，是为了解决因土地利用快速变化而产生的区域性生态环境问题而提出的。景观生态安全研究的基本原理是利用格局与过程相互作用的关系解决生态问题，即通过优化、整合区域中的生态空间，消除或控制生态风险，从而保障区域生态系统的功能完整性和可持续性。初期景观生态安全的研究以生物多样性的保护为主要目的，主要围绕生态保护区体系的建立展开。然而随着对生态安全认知的深入，景观生态安全研究关注的重点转向自然生态系统与经济 - 社会系统的耦合关系及空间格局的协调发展方面。目前，国内外对于景观生态安全的研究已经扩展至多个空间尺度，其中研究的热点主要包括两类：一类是在区域的尺度上着重于优化土地利用配置，以构建整体土地利用安全格局为目的，为生态系统保护提供整体性策略，目前已经成为我国国土空间开发战略的重要组成部分；另一类是聚焦于城市绿地系统，以构建生态空间网络为目的。

1. 景观生态安全分析与评价

生态安全分析与评价是通过调查勘测、实验分析、数值模拟、量化评价等方法反映研究对象在期望值状态的保障程度。生态安全评价是在生态风险管理的基础上发展而来的，一般认为生态安全与生态风险互为反函数。初期主要流行生态毒理学，用于分析化学污染的形成、扩散及其对区域生态系统的胁迫作用。景观生态学的兴起以及景观格局分析方法的引入推动了景观生态安全分析与评价的发展。由于兼具生态过程分析与空间分析的优势，景观生态安全分析与评价很快成为生态安全研究的重点。景观生态安全分析与评价注重风险的时空异质性，强调格局与过程的安全及整体集成，并着重于实施基于功能过程的生态系统管理[56]。其方法不以具体的人为干扰或自然灾害为风险源，而是以景观镶嵌体偏离最优格局而产生的生态效应为风险源。风险受体是整体生态系统，不再是单一的生态要素。景观生态安全评价的结果主要包括两种方式：①将研究区域整体视为评价对象，通过对多个时期的生态安全性进行评价，来反映安全水平的变化趋势；②采用网格法，依据流域等自然边界或行政边界将研究区划分为若干评价单元，通过计算各评价单元的综合值，来表征生态安全等级在空间上的梯度差异，判定影响生态安全的关键部分。

湿地是景观生态安全研究的重要对象，湿地景观生态安全是指湿地为人类提供必要的生态服务的同时，在与周边环境相互作用的过程中能够维持其景观结构的稳定性、生态过程的可持续性和生态功能的完整性[57]。与以往注重对湿地自身生态健康的评价方法不同，湿地景观生态安全评价强调湿地与其他土地利用类型的整体关系。

20 世纪 90 年代初，国外就针对因土地利用变化而产生的生态安全问题进行了大量经验性的探讨[58]。此后经过多年的发展，景观生态安全研究在理论基础层面及监测分析和定量评价等技术层面有了系统的进步，在全球生态环境的保护中发挥了重要作用。在湿地研究领域，景观生态安全的理念和方法也已成为制定湿地环境保护政策的重要依据。美国国家环境保护局将湿地生态系统的评价分为三个等级，其中，Level Ⅰ 为利用遥感数据和地理信息技术对湿地的生态状况进行评价[59]。当前，国外湿地景观生态安全的主要研究方向包括湿地景观生态安全评价方法研究、湿地景观生态安全与经济 - 社会可持续发展的关系研究、湿地景观生态安全与生物多样性关系的研究、湿地景观生态安全预警与反馈研究等。20 世纪 90 年代，美国国家环境保护局针对河流生态安全构建了涵盖水文环境、栖息地生态质量、化学污染等多因素的综合评价方法[60]。日本学者 Tosihiro 采用生物多样性预期损失模型，量化评估了土地开发对湿地生物多样性保护产生的生态风险[61]。Jogo 基于系统动态分析框架，建立了生态 - 经济模型，并分析了南非的湿地替代政策制度对湿地经济服务功能安全的影响[62]。Turyahabwe 分析了湿地生态环境变化对粮食安全的影响[63]。

当前，国内关于景观生态安全的分析与评价正处于发展阶段。相比而言，我国关于景观生态安全的研究成果有限，采用的研究方法不及国外系统和丰富。在湿地景观生态安全研究方面，目前各级政府与学者相继开展了全国重点湿地、省域湿地的景观生态安全的研究。朱卫红等基于 PSR 模型（即 pressure-state-response 模型，压力 - 状态 - 响应模型）构建了包括经济 - 社会因素、水文因素、景观格局指数和植被状况的湿地生态安全评价指标体系，综合反映了图们江流域湿地的生态安全状况[64]。吴健生等以深圳市为例，分析了快速城镇化地区湿地生态安全的变化。该研究构建了包含景观格局、生态系统活力、水环境、人口分布和土地利用 5 个方面的评价指标体系。研究结果反映了深圳各行政区湿地生态安全水平的差异，为湿地的规划决策提供了支撑[65]。韩振华等采用景观格局指数和景观类型脆弱度指数，对辽河三角洲湿地景观生态安全进行了评价[66]。臧淑英等分析了大庆市 20 年间土地利用转化过程及其对湿地景观格局的影响，结果表明土地利用变化影响着区域的气候环境变化，两者共同导致湿地的退化[67]。通过归纳国内相关研究的成果，我们可以发现，尽管针对不同地域的研究各有侧重，但景观格局分析方法已经成为评价湿地生态安全的重要方法。

目前，预测景观生态安全的变化趋势已经成为研究的热点。景观生态安全预测的主要方法包括基于数值模拟的预测和基于情景模拟的预测。基于数值模拟的预测主要是在研究对象多个时期生态安全评价结果的基础上，利用决策树模型、灰色预测模型[68]、人工神经网络模型[69]等数学模型进行景观生态安全指数的模拟预测。基于情景模拟的预测需要先完成对土地利用变化的模拟预测，进而对预测结果进行景观生态安全评价[70]。依据情景模拟结果进行的景观生态安全预测不仅能够反映区域安全等级的时空差异，同时结合土地利用的模拟结果能够更好地解释差异形成的原因，从而为空间规划的制定提供依据。因此，这一预测方法日益受到重视，国内相继开展了干旱地区生态安全预警[71]、石漠化地区土地利用生态安全预警等[72]。但目前国内外关于矿区或资源型城市湿地景观生态安全的研究仍较为匮乏，对其演化的关键生态问题和生态过程的定量分析不足，尚缺少针对性的湿地景观生态安全评价的指标体系和方法。

基于情景模拟的景观生态安全研究可以概括为以下四个步骤（图 1-1）：①基于研究区多时段的土地利用信息建立景观演化数据库；②以数据库为基础，通过景观演化驱动力分析确定土地利用转化规律，利用模拟模型预测多情景下景观格局的变化；③建立景观生态安全评价模型，从而对情景模拟的结果进行定量评价；④通过对比评价结果明确最优发展情景，完成信息反馈。

2. 生态安全预警

预警是在应对潜在风险时所采取的应急管理模式。预警理论早期主要应用于军事学领域，是一种信息反馈机制。随着人类对环境的干扰强度不断增大，生态危机频繁出现，预警的概念开始被引入生态学领域，并逐步形成生态安全预警理念[73]。苏联学者 Б. И. Кочуро 基于全国尖锐生态状况分布图进行了国家层面的生态预报研究，结果表明如不及时采取生态修复措施，未来生态修复的难度和经济代价将持续增加[74]。1975 年，联合国环境规划署建立了全球环境监测系统（global environmental monitoring system，GEMS），开启了对全球生态系统的生态安全预

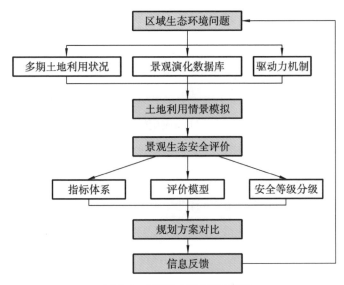

图 1-1 景观生态安全研究框架

警研究[75]。此后针对本地区不同的生态问题，欧美各国进行了针对农业生产安全、干旱地区生态安全和森林生态保护等方向的专题预警和区域预警研究。目前，我国也已开展了大量的生态安全预警研究，涉及耕地、绿洲、高度城镇化地区及湿地等多个方向。我国颁布的《国家突发环境事件应急预案》中明确提出了各地完善预测预警机制，建立预警系统的要求。综合国内外相关研究，生态安全预警与调控对策是建立在生态安全分析与评价的基础上的，通过掌握生态系统的变化过程与趋势，从而做出预先的判断，并提出排除风险、保障生态安全在合理阈值内的管理机制与应对措施，从而平衡人类对自然资源的利用与生态环境可持续发展的关系[76]。生态安全预警机制的建立能够为生态管理政策的制定提供科学依据。

目前，国内外对于生态安全预警的基础理论和应用都处于不断完善阶段，缺少统一的生态安全预警定义、基本原则和预警判别标准。欧美各国于 20 世纪 70 年代开展了各类生态安全预警研究。早期主要集中于对自然灾害的预警，如美国建立了洪涝灾害预警系统 AGNET。随着相关研究的不断深入，生态安全预警扩展至对整体生态系统状态的研究。目前生态安全预警的研究主要集中在生态安全预警模型构建、基于 GIS 平台的预警系统设计和预警机制的制度设计等方面。Brent 等通过对大量生态环境监测与评价指标的对比分析，筛选了 25 项生态环境变量作为核心监测变量，用于实现对生态系统演化的预警分析与评估[77]。Dam 等归纳评述了多项快速评价法在研究因水环境污染而导致的湿地退化预警中的应用情况，结果表明生物标记法是最为有效的预警工具[78]。美国利用 3S 技术对草场和沙漠的景观变化进行了监测分析，实现了对草原沙漠化问题的预警。此外，应用较广的还包括环境变化对农业生态安全的预警[79]和土壤荒漠化的预警[80]等。整体上，国外的相关研究更为注重基于现状监测与分析的预警。

自 20 世纪 90 年代以来，国内学者在生态安全预警的理论和方法研究方面做出了积极的探索。1992 年，傅伯杰综合生态破坏、环境污染、自然资源和社会经济指标，对我国各省区的生态环境质量进行了评价和预警[81]。1999 年，陈国阶等对生态安全预警的基本理论和预警的判别方式进行了总结[82]。徐成龙等综合经济、资源、环境和人为因素，对黄河三角洲各县市生态安全进行了评价和预警[83]。目前，生态安全变化模拟预测方法是我国相关研究的热点，较为成熟的预测模型包括情景分析模型[84]、神经网络模型[85]、灰色预测模型[86]、可拓云模型[87]、NC-AHP 模型[88]等。我国在湿地生态安全预警和调控策略方面也进行了初步的探索。高家骥等在对 30 年间南四湖湿地景观格局变化分析的基础上，从湿地组织结构、整体功能和社会经济条件 3 个方面评价了湿地生态安全预警等级，结果表明，南四湖湿地目前处于重度预警状态，但近 10 年的恶化程度已有所下降[89]。郭怀成等在分析武汉湖泊型湿地面临的生态风险的基础上，提出了针对湖泊生态系统的预警技术体系[90]。仇蕾等依据反馈控制原理构建了流域生态系统预警管理的基本框架[91]。刘吉平等基于 GAP 分析方法，以生物多样性保护为目的构建了物种运动阻力模型，为湿地生态安全格局设计提供了科学依据[92]。但整体而言，国内关于湿地生态安全预警的研究成果较少，对资源型城市特殊环境下湿地生态安全预警的研究较为匮乏。

1.2.3 问题与展望

由于我国人地矛盾突出，高强度的土地利用开发成为威胁湿地生态安全的重要因素，在黄淮东部地区煤炭资源型城市中表现尤为显著。目前，我国开展了大量关于湿地景观演化的研究，黄淮东部地区煤炭资源型城市也受到广泛的关注，为这一地区性环境问题的解决奠定了基础。但相关研究在以下三个方面仍存在不足。

①黄淮东部地区煤炭资源型城市中湿地具有显著的不稳定性，现有的研究成果着重于分析湿地景观格局的现状，驱动力研究也局限于静态的和线性的分析方法，缺少动态分析和模拟预测分析。

②对区域湿地整体受影响程度的评估不足，导致对这一特殊地区中湿地生态规划与管理的指导作用有限。景观生态安全评价与预警研究为定量分析各类干扰作用下湿地生态环境的响应程度提供了有效途径。然而，目前相关的研究与实践细分度低，尚缺少针对煤炭资源型城市湿地特征的景观生态安全研究。因此亟须建立具有针对性的湿地景观生态安全评价模型。

③评价分析结果与规划衔接性不足的问题也需要进一步探讨。目前我国正处于规划变革时期，在应用层面需要为黄淮东部地区煤炭资源型城市湿地的规划提供一个具有可操作性的预警机制，反馈相关政策实施的环境效应并提出系统性的对策。

综上所述，现有的关于黄淮东部地区煤炭资源型城市湿地景观演化和湿地生态安全的研究并不完善。在进一步的工作中，应综合两个方面的最新研究进展，重点在以下两个方面进行深入研究。

①实现对湿地景观演化和景观生态安全水平的动态变化分析及模拟预测。

②根据其变化趋势建立湿地景观生态安全预警机制。

基于对国内外相关研究成果的梳理和总结，研究应聚焦于黄淮东部地区煤炭资源型城市湿地景观生态安全评价和预警研究。研究成果应为优化湿地的相关规划提供科学依据，以保障该地区湿地的生态安全，推进资源型城市的生态文明建设。

1.3　研究内容与方法

1.3.1　研究内容

1.揭示黄淮东部地区煤炭资源型城市湿地景观演化的动态特征

本书首先基于各市湿地的调查结果，归纳总结黄淮东部地区煤炭资源型城市湿地的构成特征、演化特征及其对整体生态环境的影响。其次以衰退型城市——淮北市为例，选取 1988 年、2002 年和 2018 年三期遥感数据，通过 NDWI 指数提取了不同时期的湿地分布情况，建立多时相、长时间序列的湿地景观演化监测数据库。最后采用强度分析模型、叠加分析方法描述淮北市湿地的时空动态转化过程，采用质心函数模型、空间自相关分析法和景观格局指数描述淮北市湿地的空间结构动态变化特征。

2. 基于驱动力分析结果，对未来湿地景观演化的趋势进行多情景模拟

在建立湿地景观演化监测数据库的基础上，本书选取包括自然、经济 - 社会、政策和区位四个方面的驱动因子，采用 Logistic 回归模型定量分析 30 年间湿地景观演化的内在驱动机理。本书结合 Logistic 回归方程和 CA-Markov 模型模拟预测趋势发展、快速城镇化、农田恢复和湿地生态保护 4 种土地利用情景下 2034 年淮北市湿地景观演化的趋势。

3. 量化反映湿地景观生态安全水平的时空分异性

依据景观生态学原理，在明确评价目的和原则的基础上采用 PSR 模型和 MCE 多标准评价法，建立符合黄淮东部地区煤炭资源型城市湿地特征的景观生态安全评价模型。利用评价结果来反映淮北市在不同发展时期及不同模拟情景下，湿地的整体景观生态安全水平变化和局部地区湿地景观生态安全水平的差异，分析不同土地利用模式的选择对湿地的潜在影响。

4. 构建湿地景观生态安全预警机制

在归纳总结景观生态安全预警目的、准则和作用的基础上，依据湿地景观演化多情景模拟结果和景观生态安全评价结果，构建包括预警触发、警情分析和预警反馈三大模块的湿地景观生态安全预警机制。同时，从整体调控策略和具体调控措施两个层次提出湿地景观生态安全调控对策。

1.3.2 研究方法

湿地景观演化模拟与景观生态安全预警研究是以湿地学和景观生态学原理为基础，融合生态规划学、景观设计学等学科的前沿理论和技术方法而进行的跨学科综合性研究。研究过程中主要采用了地理空间分析方法进行湿地景观演化数据的处理、

统计分析和定量评价，具体应用的方法如下。

建立湿地景观演化监测数据库是分析淮北市不同发展时期的湿地景观变化过程的基础。建立数据库包括空间数据获取、数据预处理、土地利用分类、精度检验等步骤。本书采用 1988 年、2002 年和 2018 年三期 Landsat 遥感数据，并在 ERDAS 平台中完成对遥感数据的解译。为了提高湿地的分类精度，解译过程中采用了针对水体信息的 NDWI 指数法。随后，在 ArcGIS 地理信息系统中对数据进行整合、计算和分析，从而获得土地利用分类数据，建立湿地景观演化监测数据库。本书在定量描述不同时期湿地与其他地类的相互转化情况时，运用了土地利用变化强度分析模型；在定量描述不同时期湿地空间结构变化情况时，采用了质心函数模型、空间自相关分析模型和景观格局指数法。

在湿地景观演化驱动力分析过程中，为了定量分析多种不同因素的变化与湿地景观演化的统计关系，本书采用了地统计分析中的二元逻辑回归模型，同时，依据回归分析结果确定湿地与其他地类的转化规则。在湿地景观演化情景模拟中，应用了 Markov 模型预测湿地与其他地类规模，并应用元胞自动机 CA 模型预测湿地空间分布变化。

在构建湿地景观生态安全评价模型时，本书结合 PSR 模型、MCE 多标准评价法和组合权重法，计算湿地景观生态安全值 LESI（landscape ecological security index），同时，通过 ArcGIS 地理信息系统量化表示 LESI 值的空间分异性。

综合上述的研究内容与研究方法，研究技术路线可以分为理论分析、模拟分析、评价分析和预警反馈四个步骤（图 1-2）。

①理论分析：主要采用文献研究法归纳梳理黄淮东部地区煤炭资源型城市湿地的现状问题和研究路径，为研究提供理论依据。

②模拟分析：主要采用地理空间分析方法完成湿地景观时空演化特征分析和湿地景观演化情景模拟分析两个环节。湿地景观时空演化特征分析主要应用遥感技术与强度分析模型、景观格局分析模型建立湿地景观演化监测数据库，为进一步研究提供基础数据。湿地景观演化情景模拟分析则是采用 Markov 模型与 CA 模型等，完成不同情景下湿地景观演化趋势的预测。

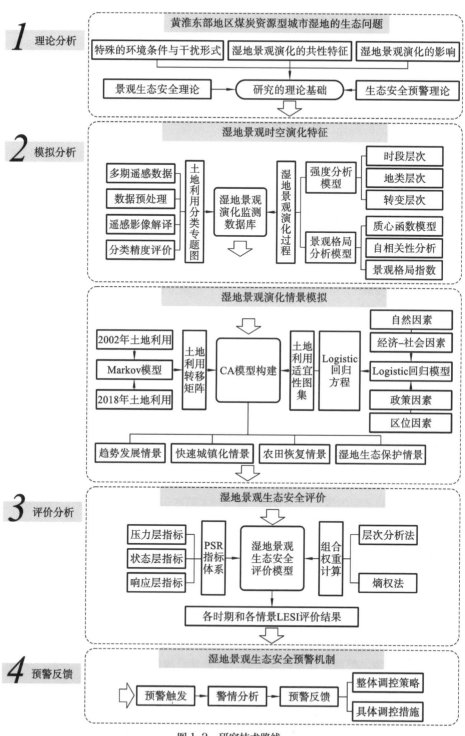

图 1-2　研究技术路线

③评价分析：主要是通过建立湿地景观生态安全评价模型，综合评价各情景湿地景观生态安全水平的差异。

④预警反馈：在文献研究和案例分析的基础上，建立湿地景观生态安全预警机制，从而为湿地生态规划和管理提供反馈。

2

黄淮东部地区煤炭资源型

城市湿地景观特征

黄淮东部地区是我国重要的煤炭资源产区，由于靠近我国东南沿海经济发达地区，已成为支撑我国能源供应的重要地区。这一地区也是我国煤炭资源开发较早的地区，长期的采矿活动使得这一地区形成了多座煤炭资源型城市。特殊的地理环境条件及人类不合理的土地利用方式，导致该地区煤炭资源型城市中的湿地发生了显著的变化，威胁着城市的整体生态安全。本章首先梳理了黄淮东部地区煤炭资源型城市的范围与环境特征，统计分析了各城市中湿地资源的总量与构成特征。然后进一步总结了此类城市中湿地的干扰特征、响应特征及景观演化产生的影响，阐释了黄淮东部地区煤炭资源型城市湿地生态问题研究的必要性与紧迫性。

2.1　黄淮东部地区煤炭资源型城市湿地资源概况

　　自然地理环境是决定湿地形成与演化的内在条件，而人类对土地的利用方式是支配湿地景观演化的外在条件。正是由于内、外环境的特殊性，黄淮东部地区煤炭资源型城市湿地的景观演化过程区别于其他城市。因此，本章首先分析该地区自然地理环境和经济 - 社会环境，并统计该地区湿地资源的构成特征。

2.1.1　自然地理环境概况

1. 气候与水文条件分析

　　黄淮东部地区自西向东为山地丘陵向平原的过渡地带，平均海拔在 50 m 以下。除山东丘陵外，大部分地势平缓，为黄河与淮河的冲积平原。在气候方面，黄淮东部地区属于温带季风性气候，具有四季分明、雨热同期的特征。年平均气温自北向南为 12.8 ～ 16.6 ℃。年平均降雨量为 625 ～ 910 mm，且降雨集中于 6—8 月，年较差较大。除胶东半岛为湿润地区外，其他部分均为半湿润地区。黄淮东部地区煤炭资源型城市的湿润系数① 为 0.45 ～ 0.57，属于半湿润地区。

---

① 湿润系数＝年降水量／年蒸发量，大于 1 为湿润地区，0.3 ～ 1 为半湿润地区，0.12 ～ 0.3 为半干旱区，小于 0.12 为干旱区。

黄淮东部地区地表水系相对发达，主要包括黄河水系和淮河水系。黄河水系流经的煤炭资源型城市包括泰安市、淄博市。淮河是划分我国南北方的重要边界，支流众多且流域面积大。以废黄河为界，整个淮河流域可以划分为淮河和沂沭泗河两大水系。淮河水系包括淮河干流以及颍河、西淝河、茨河等13条重要支流。沂沭泗河水系包括沂河、沭河、泗河以及湖西专区骨干河道。此外，还包括南四湖流域、洪泽湖流域和骆马湖流域。黄淮东部地区中约89%的面积属淮河流域。位于淮河流域的煤炭资源型城市包括安徽的淮南市、淮北市、亳州市、宿州市、颍上县，江苏的徐州市，山东的枣庄市、济宁市以及河南的永城市。

2. 水文地质条件分析

水文地质条件是各矿区发生大规模地表沉陷后形成积水的重要环境因素。黄淮东部地区煤炭资源型城市属华北盆地地下水系统亚区和淮河中下游平原地下水系统亚区。华北盆地地下水系统亚区和淮河中下游平原地下水系统亚区的上覆孔隙含水层均为第四系孔隙含水系统和新近系孔隙 - 裂隙含水系统。华北盆地地下水系统亚区第四系孔隙含水系统在山前冲积扇地区为结构单一的潜水含水层，在冲积平原地区为浅层潜水和承压水组成的多层含水层[93]。

在淮河中下游平原地下水系统亚区中，因基底构造存在差异，淮北平原和苏北平原的上覆孔隙含水层组的结构和分布有所不同[94]。淮北平原地区普遍分布有孔隙含水岩组，包括浅层潜水 - 微承压含水层和承压含水层。浅层潜水 - 微承压含水层中古河道地带厚度一般为 10 ～ 15 m，古河间地带厚度一般为 8 ～ 15 m。苏北平原受基底构造差异影响，含水层组发育程度不一。苏北盆地外围区，徐淮平原包括潜水含水层和微承压含水层，厚度分别为 10 ～ 15 m 和 5 ～ 15 m。丰沛平原潜水含水层厚 40 m。苏北盆地凹陷区，普遍发育 5 ～ 35 m 的潜水含水层。因此，丰富的地下水资源和相对较高的潜水水位是该地区形成大量采煤沉陷湿地的关键环境因素，而在西北煤矿区中，地下潜水资源相对匮乏，地表发生沉陷后形成积水的规模较小。

3. 黄淮东部地区的煤矿区分布

黄淮东部地区的地表大范围地被巨厚的新生代松散堆积层覆盖，导致这一地区煤炭资源通常埋藏较深[95]，如河南永城的煤层埋深可达 1000 m。因此，黄淮东部地区煤矿的开采方式基本为井工式开采，导致地表容易发生大规模的沉陷。此外，矿区的分布、储量和开发情况是影响开采沉陷程度、周期的重要因素，直接关系着湿地的演化过程。在黄淮东部地区的煤炭资源型城市中，分布有两淮煤电基地、鲁西煤炭基地和永夏矿区。三大矿区资源储量较大，未来一定时期内仍是我国煤炭资源开采的重点地区，也就不可避免地对当地的湿地生态环境造成长期的影响。两淮煤电基地是我国首个大型煤电基地，包括淮北和淮南两大矿区，勘察规划区域面积达 2279.69 km^2。鲁西煤炭基地位于山东省境内，涵盖兖州、济宁、新汶、肥城和枣滕等 10 个矿区。永夏矿区位于河南省境内，地跨商丘市的永城和夏邑两地，夏邑境内煤炭资源尚处于普查阶段。永城含煤面积约 1300 km^2，保有煤炭资源储量达 32.21 亿吨，为全国六大无烟煤生产基地之一。

2.1.2 经济 - 社会环境概况

2020 年，黄淮东部地区煤炭资源型城市 GDP 总量达 27347.61 亿元，其中超过 2000 亿元的城市包括徐州市、济宁市、淄博市、泰安市和宿州市。该地区常住人口达到 5007.70 万人，土地资源紧张，采掘业就业人口数量大。煤炭资源型城市的发展对区域经济、社会有着重要影响。该地区不同类型的煤炭资源型城市之间存在明显的差异，下面从经济增长速度、产业结构和城镇化进程方面进行对比分析。

1. 不同类型煤炭资源型城市的经济增长速度和产业结构

不同类型城市中的资源产业处于发展的不同阶段，经济增长速度和产业结构也具有明显的差异性。在黄淮东部地区，成长型城市的地区生产总值平均增长率最高，为 4.15%；成熟型和衰退型城市分别为 3.68% 和 2.93%；再生型城市为 3.4%（图 2-1）。在资源产业发展初期，矿产资源的开发会使当地的经济要素和人口要素迅速聚集，城市在短时间内快速兴起，因而成长型城市具有加速增长的特征[96]。经过初期的集聚发展，成熟型城市处于平稳增长的阶段，经济增长的速度回落。在衰退型城市中，受矿产资源枯竭的影响，资源产业开始萎缩，城市经济进入低速增长甚至负增长的阶段。黄淮东部地区煤炭资源型城市人口密集，区位条件相对优越，资源枯竭后城市随即消亡的风险较低。引导城市经济、社会的转型，能够促使城市逐步摆脱发展困境，并过渡为再生型城市。

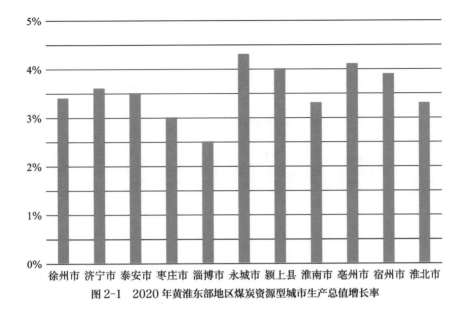

图 2-1　2020 年黄淮东部地区煤炭资源型城市生产总值增长率

在产业结构方面，成长型城市在资源产业兴起的带动下，第二产业快速增长并成为主导产业，但由于第一产业和第三产业相对落后，城市产业结构表现出"高工业化"的假象[97]。2020 年，成长型城市的三次产业结构平均比重为14.3 ： 41.0 ： 44.7，其中第二产业比重显著高于同期全国平均值。在成熟型城市中，资源产业的工业基础已基本健全，主要工业产品的产量保持稳定，第二产业进入稳定增长期。同时随着城市功能的不断完善，服务业呈现加速增长的趋势。2020 年，成熟型城市的三次产业结构平均比重为 12.5 ： 37.6 ： 49.9，相对于成长型城市，其第三产业的比重明显上升。而衰退型城市则开始探索转型发展。目前，黄淮东部地区的衰退型城市分别将制造业、煤化工、电力等第二产业作为城市转型重点培育的接续产业，促进第二产业重新增长。2020 年，衰退型城市的三次产业结构平均比重为 7.0 ： 43.6 ： 49.4。再生型城市的城市职能发生了明显的转变，各城市的产业结构有明显的差异，但整体上第三产业的比重高于其他三类城市。2020 年，再生型城市三次产业结构的平均比重为 9.8 ： 40.1 ： 50.1（图 2-2）。

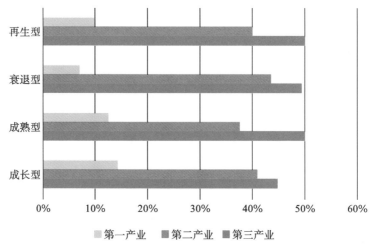

图 2-2　黄淮东部地区不同类型煤炭资源型城市的产业结构对比

（资料来源：各市 2020 年国民经济和社会发展统计公报）

2. 不同类型煤炭资源型城市的城镇化进程

城镇化既是农村人口不断向城市聚集的结果，也是产业结构不断变化的结果。在黄淮东部地区，不同类型煤炭资源型城市的城镇化水平具有明显的差异。成长型城市中的资源产业处于发展初期，第二、第三产业的整体发展水平较低。因此，城镇就业人口比重小，城镇化水平滞后。2020 年，成长型城市的平均城镇化率仅为37.27%，低于当年全国城镇化率（图 2-3）。成熟型城市中的资源产业对城市发展起到了重要的支撑作用，城市功能的完善促进了城镇就业人口的增长。2020 年，成熟型城市的平均城镇化率为 50.8%，较当年全国城镇化率低 13.09%。衰退型城市的人口增长放缓，但在农村劳动力转移、新兴产业建立以及城镇地区基础设施完善等内外因素的共同作用下，城镇人口的数量仍呈增长趋势。2020 年，衰退型城市的平均城镇化率达 62.51%，略低于当年全国城镇化率。资源产业衰退后，城市经济与社会的转型发展也是再城镇化的过程。接续产业的发展为城市的可持续发展提供了新的动力，为城镇人口的持续增长提供了基础。2020 年，再生型城市的平均城镇化率达到 65.63%，略高于当年全国平均水平。

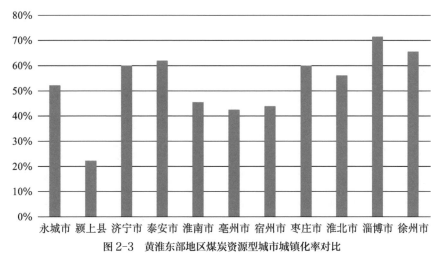

图 2-3　黄淮东部地区煤炭资源型城市城镇化率对比

（资料来源：各市 2020 年国民经济和社会发展统计公报）

2.1.3　湿地的内涵与分类

湿地是水陆相互作用形成的独特的生态系统，与森林、海洋并称全球三大生态系统，在水源涵养、防洪抗旱、改善气候和维持生物多样性等方面发挥着重要的生态功能。人类文明的兴起、繁荣乃至衰落，都与湿地的变化有着密不可分的关系。湿地对于维持区域生态系统的整体性、稳定性和可持续性具有重要作用，因此，被视为一个国家和地区重要的战略性生态资源。同时，湿地又是一种脆弱的生态系统，容易受到各类自然因素和人为因素的扰动[98]。在区域尺度上，湿地景观的演化对城乡空间结构、工农业产业布局和生态网络构建都具有重要影响。随着人们对湿地生态服务价值认识的提升和湿地保护制度的日益完善，湿地资源的保护与生态修复已经成为经济社会发展规划和国土空间规划的重要内容。

关于湿地的定义，我国相关法规长期沿用了《关于特别是作为水禽栖息地的国际重要湿地公约》中的定义。《中华人民共和国湿地保护法》中结合我国湿地保护的实际情况，进一步明确湿地是指"具有显著生态功能的自然或者人工的、常年或者季节性积水地带、水域，包括低潮时水深不超过六米的海域，但是水田以及用于养殖的人工的水域和滩涂除外"。湿地分类是分析湿地形成与演化规律、评价湿地景观演化的生态效应和制定湿地生态保护规划的基础。我国在湿地资源调查和保护的实践中逐步建立了一套完整的湿地分类标准。2009年，国家林业局发布了《湿地分类》（GB/T 24708—2009），该标准主要依据成因、地貌类型、水文特征和功能用途将全国湿地资源分为自然湿地和人工湿地2个1级分类。自然湿地涵盖4个2级分类和30个3级分类，而人工湿地包含12个2级分类，共42种湿地类型。

总体来看，我国湿地资源不仅总量大且种类丰富。第二次全国湿地普查结果显示，我国湿地总面积为5360.26万公顷，湿地率达5.58%。自1992年我国加入国际湿地公约以来，我国先后进行了两次湿地资源调查，出台了《中国湿地保护修复制度方案》《全国湿地保护规划》等一系列政策，并于2021年12月颁布了《中华人民共和国湿地保护法》。目前我国已初步形成了以湿地自然保护区为主，以湿地公园和湿地保护小区为辅，多种保护形式相互补充的湿地保护体系。然而我国正处于经济社会快速发展和快速城镇化的阶段，对湿地资源高强度的开发和利用导致了自然湿地持续萎缩、水资源超采和生态系统退化等问题，严重威胁着区域生态安全、水资源安全、粮食安全以及生物多样性。我国幅员辽阔，包含多个地理单元，不同地区湿地面临的生态风险具有显著的差异性。结合不同地区湿地的问题，基于湿地的生态系统特征，建立湿地生态环境的监测评估方法和生态修复方式，从而完善湿地保护与生态修复策略，已成为湿地研究和各地区湿地生态保护的主要任务。

采煤沉陷湿地是人工湿地的一类。采煤沉陷湿地是依据湿地的成因而表述的，目前国内外并无统一的定义。搜集整理英文文献发现欧美等国家均有以煤矿区积水为主题的研究，使用"wetland"一词表述的美国学者较多，而欧洲（如德国、捷克等）国家学者通常采用"post-mining lakes"进行表述。其他相关的表述包括"undrained depression in mining area""seeper subside in coal district""wetlands in coal mine area"等。国内常用的表述有煤矿沉陷积水区（葛中华，1994）、矿区积水塌陷区（彭苏平，2002）、矿区塌陷湿地（柏樱岚、王如松，2009）、开采沉陷区湿地（张秋霞，2012）、采煤沉陷次生湿地（李幸丽，2015）、采煤沉陷湿地（付艳华，2016），根据笔者统计相似的概念不少于10种。无论何种表述，其研究对象是一致的，主要目的都是实现矿区的生态环境修复。其中"沉陷"或"塌陷"是对成因属性的表述，并无太大差异，而"积水"或"湿地"的使用因研究的视角和方法而异。一般看来，采用"采煤沉陷湿地"或"矿区塌陷湿地"这一表述的研究主要是从湿地学的视角，利用生态学的分析方法，对生态系统演化现状进行分析并提出修复方法，使之最终形成具有自然湿地功能的生态系统；而采用"煤矿沉陷积水区"这一表述的研究主要是从土地利用的角度将湿地的生成视作对原有生态系统的干扰过程，侧重于对原有生态格局的保护与恢复研究。相对而言，"湿地"作为关键词晚于"积水"，近年来才逐渐被采用。但必须指出，由于相关研究并不成熟，在现有的研究成果中两种表述使用的界线并不明确，在未来的研究中，仍然需要进一步对相关定义的本质和外延进行深入的探讨，并对其使用进行规范。本书所指的采煤沉陷湿地是指因地下煤炭资源开发而产生地表沉陷后，在降水和地下潜水的作用下，形成季节性或常年性积水以及水饱和土壤，从而导致原有的陆生植物逐步被水生植物所替代的人工次生湿地景观。

从其形成机理来看，采煤沉陷湿地是地下采动引发的一种次生地质灾害，即在地下煤层采出后形成采空区，周边岩体的原始应力平衡被打破，导致岩层和地表出现弯曲变形、断裂和位移，并在地表形成下沉盆地[99]。根据地表下沉程度的不同，沉陷可以分为轻度沉陷、中度沉陷和重度沉陷。轻度沉陷是指下沉盆地外侧边缘的下沉值小于 1.5 m，中度沉陷为 1.5～2.5 m，重度沉陷则大于 2.5 m[100]。轻度沉陷地区通常不易形成大范围积水，中度沉陷地区容易形成季节性积水，重度沉陷地区在水文过程变化影响下多形成常年积水，导致原有的陆生生态系统逐步演化为湿地生态系统（图 2-4～图 2-6）。

水文、湿地土壤与水生植物是界定湿地的关键要素。当采煤沉陷湿地与周边的水系连通时形成开放型湿地，河流水系的径流变化成为影响采煤沉陷湿地水文环境的主要因素，季节性变化程度减小。在没有其他地表水系汇入的封闭型采煤沉陷湿地中，含水层的埋深和厚度对积水的形成有重要影响，降水为主要的补给水源，水量季节性变化相对较大。研究表明，地区湿润系数越大，沉陷盆地内形成积水面积的比例通常也越大[101]。在开采沉陷的作用下，原有地表土壤塌陷成为洼地，积水的出现使其逐步演化为季节性或永久性湿地土壤。随着水生环境条件的逐步成熟，原有的陆生植物发生退化，水生植物逐步出现并成为优势物种，湿地生态系统逐步形成。

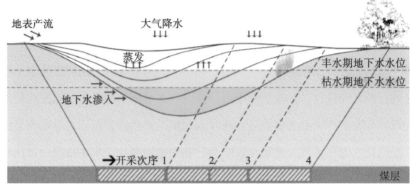

图 2-4　采煤沉陷湿地的形成机理

图 2-5　徐州权台矿区因沉陷而沼泽化的农田　　　图 2-6　淮南谢一矿沉陷地区形成的积水

2.1.4　各市湿地资源的构成

　　根据全国第二次湿地资源调查结果，黄淮东部地区煤炭资源型城市中湿地总面积达 4492.54 km²，包含两个 1 级大类中的全部 2 级分类和 19 项 3 级分类。由于地理环境的差异，各城市中湿地的规模和构成有所不同。济宁市湿地资源总量最为丰富，面积为 1523.64 km²，湿地率达 13.62%[102]。颍上县、徐州市、泰安市、淮南市的湿地率高于全国湿地率，永城市湿地率高于 5%。枣庄市、亳州市、宿州市、淄博市的湿地率不足 5%。其中淄博市湿地率最低，仅为 2.27%（图 2-7）。在湿地结构方面，淮南市、泰安市、颍上县、枣庄市、宿州市和淄博市中自然湿地比例较大，济宁市、徐州市、淮北市、永城市和宿州市中以人工湿地为主。目前该地区共有 22 座国家级湿地公园，如济宁市的微山湖湿地公园、淮南市的焦岗湖国家湿地公园、枣庄市的运河湿地公园等。其中，徐州市的潘安湖湿地公园、江苏九里湖国家湿地公园，颍上县的迪沟国家湿地公园以及淮北市的中湖国家湿地公园，均为采煤沉陷湿地。

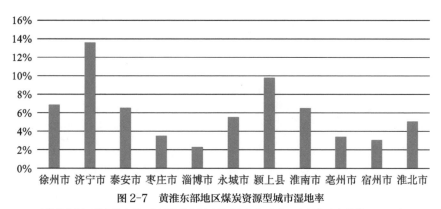

图 2-7　黄淮东部地区煤炭资源型城市湿地率

（资料来源：国家林业局 . 中国湿地资源（总卷）[M]. 北京：中国林业出版社，2015.）

1. 自然湿地分布情况

自然湿地是指由自然地形和水体形成的湿地。淮南市、泰安市和颍上县三地自然湿地的比重分别为 80.75%、71.25% 和 66.14%，枣庄市、淄博市和宿州市自然湿地的比重分别为 56.56%、55.67% 和 51.98%，均大于 50%。淮北市、济宁市和徐州市自然湿地的比重都在 30% 以上。亳州市自然湿地的比重最小，仅为 29.77%（图2-8）。自然湿地主要为河流湿地和湖泊湿地。在枣庄市、亳州市、徐州市等 10 座城市中，河流湿地占自然湿地的比重最大，且占各市湿地总量的比重在 25% 以上，包括永久性河流、洪泛湿地和少量的季节性或间歇性河流。在淮南市和济宁市，湖泊湿地是各地自然湿地中比重最大的湿地类型，分别占各市湿地总量的 55.34% 和 30.02%。此外，泰安市和颍上县的湖泊湿地占各自湿地总量的比重分别为 28.96% 和 25.23%，仅次于河流湿地。沼泽湿地整体规模较小，主要分布于淄博市、徐州市、济宁市和淮南市，淄博市比重最大（9.4%），其他各市比重均较小。

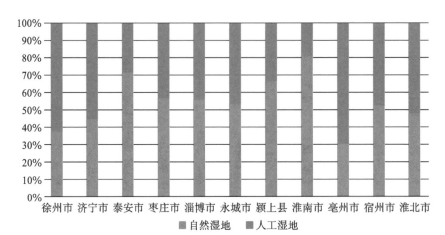

图 2-8　黄淮东部地区煤炭资源型城市中自然湿地与人工湿地比重

（资料来源：国家林业局 . 中国湿地资源（总卷）[M]. 北京：中国林业出版社，2015.）

2. 人工湿地分布情况

依据功能和成因，人工湿地可以分为 12 种类型[103]。在黄淮东部地区煤炭资源型城市中，人工湿地类型包括水库、采矿挖掘区和塌陷积水区、运河与输水河、淡水养殖场、农用池塘、灌溉用沟渠、稻田、城市人工景观水面和娱乐水面。各城市中人工湿地的规模以及不同类型人工湿地的比重具有一定的差异性。其中亳州市和徐州市的人工湿地比重较大，分别为 70.23% 和 62.91%。济宁市和淮北市人工湿地的比重在 50% 以上，分别为 55.46% 和 52.32%。宿州市、枣庄市、淄博市、颍上县和泰安市人工湿地的比重在 25% 以上。淮南市比重最低，仅为 19.25%。在黄淮东部地区煤炭资源型城市中，不同程度地分布有采煤沉陷湿地，影响着城市原有的湿地景观格局，如淮北市境内的采煤沉陷湿地是安徽省内面积最大的人工湿地群。

3. 采煤沉陷湿地分布情况

受煤田面积、煤层厚度以及水文地质条件等多种因素的影响，各市采煤沉陷湿地的规模有一定差异。据初步统计，黄淮东部地区煤炭资源型城市中共形成约 32574.93 hm² 的采煤沉陷湿地（常年积水）。其中，淮南市、淮北市和济宁市形成的采煤沉陷湿地的规模较大，均超过 5500 hm²。泰安市、宿州市、枣庄市、永城市和颖上县五地的采煤沉陷湿地规模在 2000 hm² 以上。此外，徐州市和亳州市的采煤沉陷湿地规模在 1000 hm² 左右。淄博市采煤沉陷湿地的规模最小（图 2-9）。各市永久性积水比重最大的为颖上县，已达 59%，其次为永城市和宿州市，分别为 37% 和 32%，淄博市最低，为 3.43%。

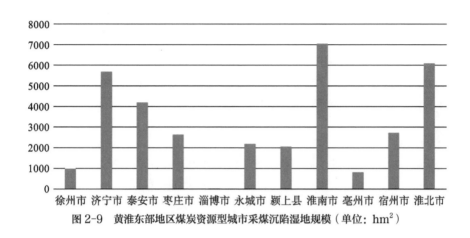

图 2-9　黄淮东部地区煤炭资源型城市采煤沉陷湿地规模（单位：hm²）

在成长型城市中，采煤沉陷湿地的规模呈快速增加的趋势。至 2030 年，预计永城市采煤沉陷湿地的规模将达到 18430 hm²，是 2014 年的 8.4 倍，将超过现有永城市各类湿地的总和。在成熟型城市中，采煤沉陷湿地仍将有大规模的增长。淮南市 2030 年开采沉陷区的面积预计将达 27520 hm²，而积水面积将达 19540 hm²，是 2015 年的 2.7 倍[104]；宿州市预计全部煤矿采出后将形成 6055 hm² 的积水区，是 2014 年的 2.2 倍[105]。在衰退型城市中，受在产煤矿以及开采沉陷滞后性的影响，采煤沉陷湿地的规模仍呈逐步增加的趋势。作为再生型城市，徐州市大部分煤矿已陆续关停。在未来一定时期内，徐州市采煤沉陷湿地总量将随着矿区环境的修复而逐步减少，但在局部地区仍有增加。整体而言，在黄淮东部地区煤炭资源型城市中，采煤沉陷湿地是在城市的发展中增长最明显的湿地类型，改变了区域湿地资源的总量和结构。

2.2　黄淮东部地区煤炭资源型城市湿地的特征

在特殊的自然环境条件与人为干扰因素的综合作用下，黄淮东部地区煤炭资源型城市区别于我国其他地区的煤炭资源型城市，湿地的构成与变化引发的环境问题成为威胁城市整体生态安全的重要原因，具有显著的地域性。因此，综合研究相关文献和调研统计结果，可从其演化过程中的干扰与响应两个方面总结该地区湿地的特征。

2.2.1　影响湿地景观演化的干扰特征

湿地的景观演化是自然因素和人为因素共同作用的结果。降水、气温变化等条件是影响湿地景观演化的主要自然因素。随着生产力水平的不断提高，人类开发和利用自然资源的能力越来越强，对生态环境产生的干扰也越来越强。大量的研究案例表明，在人口密集的城市中，人为干扰已经成为影响湿地景观演化的主要原因[106]。而在煤炭资源型城市中，人为干扰对湿地生态环境的影响更为直接和广泛。综合相关的研究结果可以发现，采矿活动、城镇化以及农业生产是影响黄淮东部地区煤炭资源型城市湿地景观演化的主要人为干扰形式。

1. 采矿活动的干扰

采矿活动对湿地景观的干扰过程具有持续时间长、强度大的特征。但同时采矿活动具有明显的周期性限制，在地下煤炭资源枯竭后，采矿活动也随即结束，地层逐步实现稳沉，对湿地景观的干扰也逐步消失。根据影响范围的不同，采矿活动对湿地景观的干扰可以分为两种方式。一方面，开采沉陷区与原有的自然湿地在空间上重合，地下煤层采空后，地表出现沉降变形并形成规模巨大的沉陷盆地，改变了区域的汇流格局，造成河流的断流或改道，直接影响地表水系原有的空间形态。如淮南市顾桥矿区内随着地表沉陷盆地的扩大，预计至 2030 年，西淝河的支流港河将与永幸河连通并发生倒流，最终被并入永幸河流域[107]。在与自然湖泊重叠的地区，地表的沉陷能够直接影响湖底的高程，造成湖面的扩展或收缩。另一方面，在河间地区，地表的大幅沉陷使得采煤沉陷湿地形成，因此兴建大量的排水渠，改变了区域地表水系的空间格局。如徐州九里区大量排水渠的兴建改变了地表的水系结构（图 2-10）。

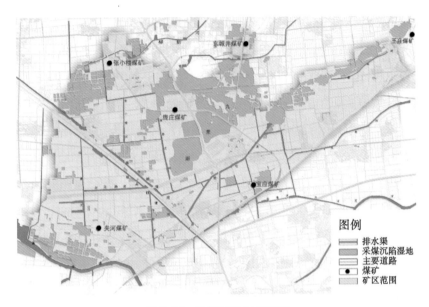

图 2-10　徐州九里区水系结构
（资料来源：《徐州矿区塌陷地生态修复规划》）

2. 城镇化的干扰

城镇化对湿地景观的干扰一方面表现为城镇建设用地的扩展在空间上对湿地产生侵占和分割作用。在煤炭资源型城市中，资源产业的兴起带动了城市经济的发展和就业人口的增加，城镇化进入快速发展阶段。在城镇化过程中，城市发展对土地资源的需求持续增加，而长期对湿地生态价值的忽视造成湿地景观不断被蚕食。大量的浅积水湖泊和河流被转化为城市建设用地，同时道路、水利设施的建设造成湿地景观的破碎化，最终导致湿地面积与数量减少，河网密度下降。但另一方面，城镇建设用地的扩展又为湿地景观的生态修复带来了契机，特别是在采煤沉陷地区。在动态沉陷阶段，采煤沉陷湿地的形成与扩大限制了城镇建设用地的增长。随着煤炭资源的枯竭和地表的稳沉，部分条件适宜的采煤沉陷湿地被治理后转化为城市绿地。例如，徐州市在 2008—2015 年共将 300 hm² 的开采沉陷区（包括积水区和非积水区）转化为城镇建设用地，同时利用常年积水的采煤沉陷湿地建设了江苏九里湖国家湿地公园、潘安湖湿地公园，带动了城郊地区的城镇化发展[108]。

3. 农业生产的干扰

农业生产对湿地的影响是一个缓慢但长期的过程。黄淮东部地区是我国重要的农作物产区，农业开发程度高。在该地区煤炭资源型城市中，采矿活动导致大量的农用地丧失，同时资源产业与城镇化的发展都使得城市人口快速增加，可利用土地十分紧张，因此对湿地的复垦需求大。农业生产对自然湿地景观演化的干扰方式主要有：对湖泊、沼泽以及河流周边洪泛平原的围垦；农业生产中过量地抽取水资源造成湿地水量减少，生态系统难以维系；大型水利设施建设，使自然湿地人工化等。在采煤沉陷地区，农业生产对采煤沉陷湿地也有显著的影响。在轻度或中度沉陷地区，地表实现稳沉后，采取积极的土地复垦措施能够将季节性积水区和浅积水区重新恢复为耕地。在深积水区，大量的采煤沉陷湿地经改造后用于发展水产养殖业。但目前，黄淮东部地区各煤炭资源型城市的土地复垦率仍然很低。例如，在2008—2015年，徐州市完成对 50 km² 采煤沉陷地的复垦，复垦整治率仅为21.4%。完成复垦的土地中，76% 恢复为耕地，14% 转化为养殖鱼塘，10% 转化为其他地类[109]。整体而言，在黄淮东部地区煤炭资源型城市中，采煤沉陷湿地和农用地的相互转化十分频繁。

2.2.2 湿地生态系统的响应特征

在黄淮东部地区煤炭资源型城市中，湿地承受着复杂的人为干扰，导致其生态系统具有显著的脆弱性，生态结构和功能发生退化的风险高。其响应特征主要表现为水文地质条件不稳定导致的灾变性脆弱、水资源紧缺导致的压力性脆弱和生态功能退化导致的衰弱性脆弱。

灾变性脆弱是指湿地的水文地质环境中存在潜在的胁迫因素，在自然或人为诱因下容易被触发，从而导致湿地景观严重退化。在黄淮东部地区的煤炭资源型城市中，大范围的地表沉陷在区域尺度上能够对河川径流的流向、流量产生影响，改变子流域的集水区范围，造成湿地水文补给量和排出量的变化，从而导致湖泊、河流以及库塘等湿地蓄水能力的变化。此外，矿井输排水和人工排水渠的建设也会使原有河流与湖泊的径流产生波动。在资源开采阶段，矿井水的外排会导致周边河流径流增大并持续多年，使周边河道拓宽。而采矿结束后，外排水量减少，人工排水渠被废弃，周边河流水量也随之减少，使周边湿地水量补给产生变化。德国学者 Grünewald 曾对停产后矿区周边河流的水量平衡进行计算，以评估河流水量减少对流域水文产生的影响 [110]。

压力性脆弱主要指因湿地水资源的过度开发而导致湿地生态需水难以保障 [111]。水文过程控制着湿地土壤、植被的形成乃至地形的变化 [112]，是湿地生态系统形成与演化的基本过程。湿地水文过程涉及降水、蒸散发、径流变化、地下水循环、人工取水等多个方面。在黄淮东部地区的煤炭资源型城市中，年蒸发量普遍大于年降水量，因此大气降水对湿地水量补给的作用有限。在地下水循环方面，黄淮东部地区大部分地势平坦，地下水径流微弱，对湿地水文的影响主要为枯水期的补给作用。河川径流补给是该地区大部分湿地的主要补给源。整体上，黄淮东部地区各市地表水资源十分有限。然而，该地区是我国人口密度较大的地区，城镇数量众多，对水资源的需求量大。特别是在煤炭资源型城市中，第一和第二产业比重较大，工农业发展对水资源的消耗巨大。尽管采煤沉陷湿地的形成使得城市中地表水资源增加，但整体上多数煤炭资源型城市仍面临水资源不足的问题。而传统的水资源管理方式是造成水资源过度开发、湿地生态缺水、湿地生态系统脆弱的主要原因之一。

湿地具有多种生态功能，其中重要的一个方面是作为生境为动植物提供栖息地的生态支持功能。衰弱性脆弱即湿地的生态结构和要素向不利于生物多样性和稳定性方向变化而导致的生态支持功能退化，尤其表现为湿地斑块的萎缩及破碎化、湿地植被的退化和动物种群数量的减少。在黄淮东部地区煤炭资源型城市中，自然湿地在外部因素干扰下呈不同程度的减少和破碎化的趋势。研究表明，斑块面积的缩小对生物多样性的维持有着显著的消极影响 [113]。同时，较小的斑块对于外部干扰的响应也更为敏感，维持自身生态过程稳定的能力相对较弱。斑块的破碎化不利于湿地内部物质、能量和信息的流动，从而使动植物的生境受损。湿地植被是湿地生态系统中的初级生产者，为动物提供了重要的食物来源和生存环境，制约着动物的空间分布和数量等级 [114]。在资源型城市中，尾矿、尾水引起的水环境的恶化、水域面积的减少等，都会引起湿地植被的退化。尽管矿区中形成了大量的采煤沉陷湿地，但在没有经过生态修复的情况下，这些新增湿地的植被覆盖率普遍较低，且植被种类单一。因此，尽管局部地区湿地的面积有所增加，但植被净初级生产力较低，难以支撑生物的多样性。

2.3 黄淮东部地区煤炭资源型城市湿地景观演化的影响

在黄淮东部地区煤炭资源型城市中，湿地是十分不稳定的土地利用类型之一。湿地景观的时空动态演化影响着城市的经济、社会发展与整体生态环境安全。在煤炭资源型城市环境修复中，充分认识湿地景观演化的影响是分析、评价和科学规划管理湿地资源的基础。

2.3.1 煤炭资源型城市人地矛盾的加剧

采煤沉陷湿地的形成是黄淮东部地区煤炭资源型城市湿地景观演化的重要特征。采煤沉陷湿地的形成同时也伴随着农用地、建设用地和林地等地类的损毁，加剧了当地的人地矛盾。在黄淮东部地区，农用地的总体规模大、分布地域广且与矿区的重合度高。因此，农用地也是该地区受煤炭资源开采影响最大的地类。在未大规模形成积水的沉陷地区，地面稳沉后通过土地的综合治理可以恢复为农用地。然而，将深积水地区复垦为农用地的难度大、成本高、效益低，因而整体复垦率低。积水的出现是造成农用地减产甚至彻底无法耕种的主要原因，威胁着这一地区煤炭资源型城市基本农田的安全，造成大量的农民失地。据统计，安徽省淮南市的采矿活动累计造成 227 km² 的土地沉陷，积水范围达到 137 km²，其中大部分为农用地[115]。

此外，采煤沉陷湿地的形成与演化，对城市建设用地的扩展具有空间约束作用，加剧了城镇化与土地资源的矛盾。在煤炭资源型城市中，采煤沉陷湿地多分布于城市周边。近年来，在城镇化的作用下，城市建设用地实现了快速增长，但城市的扩展方向、城市空间结构以及增长规模，显著地受到开采沉陷区以及采煤沉陷湿地分布的影响。以徐州市为例，徐州市是"先城后矿"的有依托资源型城市。20 世纪 80 年代，徐州市城市建成区的西北部和西南部形成大量采煤沉陷湿地。受此影响，城市建设用地主要向东北部和南部轴向延伸，城市具有带状特征。至 21 世纪初，城市建设用地的扩展以东向和东南向为主，城市西侧和西北侧建设用地始终增长缓慢[116]。淮北市是典型的"先矿后城"的无依托资源型城市，由于煤炭资源的开发，城市东部和东南部形成了大量的采煤沉陷湿地。受此影响，淮北市建设用地呈多中心组团式增长的模式[117]。

2.3.2 对城市绿色基础设施网络的影响

湿地是城市绿色基础设施网络中的重要组成部分，其中，湖泊、沼泽、水库是区域生态系统的重要斑块，对于保障生态过程和功能完整性具有重要作用。湿地的大小、形状，斑块之间的距离、相互之间的关系等因素，都影响着城市绿色基础设施网络的结构连通性和功能连通性。在黄淮东部地区煤炭资源型城市中，自然湿地的萎缩以及采煤沉陷湿地的形成，使得湿地的构成和空间结构发生了显著的变化，进而导致城市整体绿色基础设施网络的结构变化。此外，河流是绿色基础设施网络中重要的廊道，不仅为水生动植物提供了生境，同时也关系着物种迁移、能量流动以及物质循环，发挥着连通和隔离的作用。在开采沉陷、城镇化等因素的作用下，煤炭资源型城市的河网密度、河道总长及水面率逐步改变，并直接关系着廊道网络的连通性和环度变化，影响城市绿色基础设施网络的稳定性。

2.3.3 对水生态环境安全的影响

流域水文过程的变化影响着湿地的空间分布，而湿地景观格局的演化也对水文过程具有反作用。在黄淮东部地区煤炭资源型城市中，湿地景观的变化对湿地的水安全调节、水资源保障以及水环境改善等生态功能的发挥具有重要影响[118]。

自然湿地与其他地类的相互转化改变了地表产流的形成过程以及河川径流的季节消涨变化。一方面，城镇建设用地的扩张造成了地表不透水面积的增加，使得地表产流总量增大，以及河川径流峰值提高、提前。另一方面，对湖泊、沼泽的侵占会导致湿地调蓄雨洪的能力下降，增加局部地区洪涝灾害发生的风险。采煤沉陷湿地因是采矿活动导致的人工次生湿地，湿地集水区主要为沉陷盆地的范围，调节流域雨洪的作用微弱。因此，尽管煤炭资源型城市中湿地的面积有所增加，但湿地系统调节雨洪的生态功能呈减弱趋势。

水资源的涵养是湿地重要的生态功能之一，清洁的淡水资源是湿地直接的产出。广义上的湿地水资源为湿地中各类水体的总称，狭义上的湿地水资源仅包括湿地中逐年可以恢复和更新的淡水水量。湿地景观格局的演化不仅关系着地表水资源的空间分布，也影响着湿地水资源的循环能力。湖泊、沼泽以及库塘规模的缩减影响着湿地的蓄水能力。采矿活动通过改变局部的地形对湿地的补给范围和补给时间产生影响。此外，湿地景观的破碎化降低了湿地斑块之间的水体交换能力，甚至形成孤立型湿地，造成湿地由终年积水演变成季节性积水。尽管采煤沉陷湿地的形成总体上增加了区域地表水资源，但其生态结构不健全、补给源不稳定且受季节影响较大，因而难以为经济、社会发展提供稳定的水资源。

湿地景观格局的演化同时影响着其水环境容量的变化。水环境容量是指一定的水域保持其生态功能的条件下所能容纳污染物的最大限度。在生态系统中，湿地是容纳、沉积和分解人类经济、社会发展过程中所产生的污染物的重要场所。然而，湿地的萎缩会导致蓄水量的减少及其水环境容量的降低。在矿区中，尾矿、尾水的排放容易引发流域水质的整体恶化，改变湿地水质的本底值，增加水环境污染的风险。此外，水生植被通过减缓水流速度能够加快污染物的沉积过程，同时植被的根系也能够增加沉积物的稳定性，能够防止污染物在更大的时空尺度上扩散，从而发挥净化水质、改善水环境容量的生态服务功能。因而，湿地植被的面积和空间分布等景观格局特征的变化，会影响污染物在水环境中的迁移、转化和积存过程。

2.3.4　对水生动植物资源保护的影响

湿地因其特有的生态环境特征，为湿地植被以及鱼类、鸟类、两栖类等不同种类的动物提供了赖以生存和繁衍的栖息地，对地区动植物资源的保护具有重要意义。湿地景观格局的演化对动植物资源的保护具有显著的影响。黄淮东部地区分布有大量的自然湿地资源，是我国进行动植物保护的重要地区。湿地景观格局和水文过程在不同尺度上的演化对湿地动植物的生存具有不同程度的影响。在区域尺度上，面积与景观格局的变化直接关系着湿地动植物的生存范围。在外部干扰的作用下，湿地面积的萎缩会引起湿地植被数量的减少，进而对整个湿地食物链产生影响，威胁湿地的生物多样性。在局部尺度上，湿地的空间分布以及水文过程越来越受到人类的控制，特别是为了满足城市发展对水资源的需求，大量水利设施的建设改变了湿地原有的季节性变化规律。部分湿地长期处于淹没状态，而部分湿地长期处于缺水状态，湿地景观斑块的多样性和均匀度下降。

3

淮北市湿地景观时空动态
演化过程

景观演化是对景观格局时间异质性的分析，包括景观要素的类型、数量、形状和分布特征的变化，是反映人类活动对生态环境影响的重要视角。掌握景观时空演化过程对于湿地生态规划和管理具有重要意义。在黄淮东部地区煤炭资源型城市中，湿地景观格局的演化过程具有显著的动态性和阶段性。本章的主要研究目的是通过量化分析湿地景观演化的特征，来揭示其时空变化的基本过程。本章以资源衰退型城市——淮北市为典型案例，在分析城市概况的基础上，结合多期遥感数据和地理信息系统，提取不同阶段湿地的空间分布信息。进而结合强度分析模型，利用叠加分析方法定量描述淮北市湿地与其他地类的动态转化过程。最后利用质心函数模型、空间自相关分析和景观格局指数分析湿地的空间分布格局变化过程。

3.1 淮北市概况

3.1.1 淮北市自然环境特征

淮北市位于安徽省最北部，介于北纬 33° 16′～ 34° 10′，东经 116° 24′～ 117° 03′，地处安徽、河南、山东和江苏四省交界处，是黄淮东部地区煤炭资源型城市之一（图 3-1）。淮北市交通条件优越，京沪高铁与陇海铁路从境内穿过，连霍高速与京福高速交会于此。全市总面积达 2741 km²，下辖相山区、烈山区、杜集区和濉溪县。其中，市区面积 753.5 km²，濉溪县面积 1987.5 km²。

淮北市属温带半湿润季风性气候区，四季分明。由于地处淮河流域，淮北市兼有南、北方气候的特点。淮北市雨热同期，年平均降水量达 849.6 mm。夏季平均气温为 26.7 ℃，平均降水量为 516.2 mm，占全年降水量的一半以上。冬季平均气温为 16.5 ℃，平均降水量为 124.9 mm，有利于农作物过冬[119]。淮北市年平均蒸发量为 1648.4 mm，其中夏季蒸发量最大，湿度系数为 0.32。

淮北市位于淮北平原中部，地势自西北向东南微倾。市域内地势平坦，85% 以上为平原地区，海拔介于 23.5 ～ 32.4 m。仅在市区北侧与东侧分布有少量低山丘陵，为剥蚀残丘地带，海拔介于 60 ～ 400 m。淮北市境内其他的主要地貌类型还包括湖洼地和开采沉陷区。

淮北市多年平均地表水总量为 3.161 亿立方米。地下水资源主要为第四系潜水和裂隙岩溶承压水，其中浅层地下水 2.097 亿立方米，承压水 0.828 亿立方米。以古隋堤（今宿永公路）为界，北部为黄泛冲积平原区，南部为古河湖沉积平原。北部地区地下水总量相对较大，而南部地区由于地势较低，地下水水位相对较高。

淮北市境内土壤的类型与分布受到地貌特征和水文环境的影响。境内土壤包括 5 个大类，其中砂礓黑土和潮土覆盖面积超过 95%。砂礓黑土主要分布于古隋堤以南的河间平原地区，宜于种植农作物。潮土主要分布于古隋堤以北的黄泛平原地区和浍河沿岸，是由近代黄泛沉积物形成的。棕壤土、黑色石灰土和红色石灰土面积较小，主要分布于东北部丘陵地带。

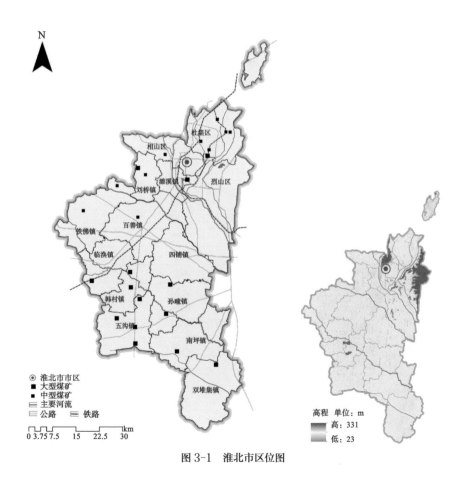

图 3-1　淮北市区位图

3.1.2 淮北市煤矿资源分布

煤炭是淮北市储量最为丰富的矿产资源。至 2020 年底，淮北市原煤产量占当年全省原煤产量的 34.19%。全市煤炭资源保有储量 48.52 亿吨，煤矿产地 52 处，其中大型煤矿 16 处、中型煤矿 14 处、小型煤矿 22 座[120]。经过长期资源开发，目前淮北市在采煤矿共 17 座，停采矿山 20 座，基建矿山 1 座，未利用矿山 14 座。在采煤矿主要分布于主城周边及濉溪县南部。依据地质结构的特征，淮北市境内的煤矿可以分为濉萧矿区和临涣矿区。濉萧矿区开发于 1958 年，是淮北市煤田开发最早的矿区。矿区主要分布于淮北市北部，呈东北—西南走向，涉及相山区、杜集区和烈山区，以及濉溪县的刘桥镇、铁佛镇和百善镇。临涣矿区开发于 1977 年，主要分布于淮北市中部的临涣镇、韩村镇、孙疃镇、五沟镇和南坪镇（表 3-1）。此外，如相城、烈山等煤矿，尽管现已停产，但其对当地生态环境仍有长期的影响。

表 3-1　淮北市在采煤矿概况

所在地	煤矿名称	投产时间	生产规模	矿区面积 / km²
相山区	刘东矿	1998 年	中型	18.62
杜集区	石台矿	1975 年	中型	18.44
	朱庄矿	1961 年	大型	25.2
	张庄矿	1960 年	中型	19.39
铁佛镇	黄集矿	2006 年	中型	9.63
刘桥镇	刘桥二矿	1994 年	大型	19.09
临涣镇	青东矿	2010 年	大型	51.73
	海孜矿	1987 年	大型	33.73
	临涣矿	1985 年	大型	49.66
韩村镇	童亭矿	1989 年	中型	23.75
五沟镇	袁店一井煤矿	2011 年	大型	37.23
	五沟矿	2008 年	中型	21.65
	界沟矿	2008 年	大型	13.64
孙疃镇	杨柳矿	2011 年	大型	60.2
	孙疃矿	2008 年	大型	44.0
南坪镇	任楼矿	1997 年	大型	42.06
	邹庄矿	2016 年	大型	28.07

（资料来源：根据《淮北市矿产资源总体规划（2021—2025）》《淮北市志》整理）

淮北市煤田为全隐蔽式煤田，煤炭矿井最低开采标高为 -800 m，因此淮北市所有的煤矿均为井下开采。由于淮北市煤田煤层埋藏深，厚度大，采后的地表沉陷深度较大。同时淮北市地下水水位偏高，且矿区地下普遍分布有一层黏土隔水层，有利于积水的形成和存蓄。因此，资源开采后的城市中出现了大面积的采煤沉陷湿地，受此影响，淮北市湿地面积整体呈增加趋势。至 2020 年末，淮北市累计形成了 276.93 km^2 的开采沉陷区，其中沉陷深度超过 1.5 m 的长期积水区面积达 57.13 km^2。目前未经治理的沉陷区面积约为 139.46 km^2，每年新增 4.3 ~ 4.5 km^2，且积水比重大。经初步计算，淮北市开采沉陷区的有效库容约为 1.32 亿立方米，相当于 9 个西湖的库容 [121]。由于面临严重的矿区生态环境问题，淮北市较早便开始了开采沉陷区的治理工作，已累计完成土地复垦 137.46 km^2。然而由于历史遗留问题较多，且每年新增的沉陷区面积较大，在未来一定时期内，淮北市矿区生态治理工作仍将面临巨大压力。

3.1.3 淮北市湿地资源概况

淮北市自然湿地大类中仅包括永久性河流，人工湿地大类中包括水库、运河与输水河、农用池塘、采煤沉陷湿地、城市人工景观水面与娱乐水面 5 个类型。采煤沉陷湿地是淮北湿地景观研究需要重点关注的湿地类型。为了避免重复计算和对比不同时期的湿地景观，本书将利用采煤沉陷湿地改造的农用池塘或城市湿地公园仍划为采煤沉陷湿地。

河流湿地是淮北市的主要湿地类型。淮北市境内的河流属淮河流域洪泽湖水系，流域面积共 2714.26 km^2，多为淮河的二级和三级支流。市境内河流全长 377.7 km，分属萧濉新河水系、沱河水系、浍河水系和灉河水系。淮北市河道总长度 367.3 km，主干河道有 14 条。此外，全市现有大沟 165 条，长 1296.99 km，中沟 1900 多条，长 3615 km。浍河水系流域面积最大，为 2712.6 hm^2，沱河水系与萧濉新河水系次之，流域面积分别为 1909.2 hm^2 和 1817.2 hm^2。统计数据表明，降水是淮北市地表水资源的重要来源，与河流的径流量变化有着密切的关系。

淮北市人工湿地的比重大，其中规模最大且逐年增加的为采煤沉陷湿地。至 2020 年末，淮北市采煤沉陷湿地已经形成"五大片区三十余处"的分布格局，即东湖片区、南湖片区、西湖片区、朔里片区和临海童片区，积水深度多在 1～3 m。早期，在淮北南部地势低洼地区形成了大量的湖洼地，如卧龙湖、叶刘湖、关家湖等。然而由于农业开发强度大，自然湖泊受到的人为干扰强度逐步增加，自然湿地的性质退化，全部演化为农用地或农用池塘。目前，农用池塘遍布淮北市的农村地区，但通常斑块面积较小且不稳定。运河与输水河是淮北市重要的人工湿地，分布于各大自然河流的河间地区，主要功能为灌溉、排水和运输。近年来，随着对采煤沉陷湿地的生态修复，淮北市建设了大量的城市湿地公园，使得城市人工景观水面与娱乐水面的规模快速扩大。淮北市的水库分布于烈山区的丘陵盆地中，其中位于烈山区的华家湖水库是淮北市唯一一座中型人工水库。此外，淮北市还有龙须坞水库、太山水库、小李庄水库等小型水库。

3.1.4　淮北市经济-社会发展概况

淮北市于 1960 年因闸河煤田开发而建市，是一座典型的"因矿建城"的煤炭资源型城市。建市之初，淮北市辖区面积小，总人口仅为 6.43 万人，其中采掘业就业人口达 6.09 万人，占全市人口总数的 94.7%。随着行政范围的不断扩张和城市人口的增加，至 2020 年末，淮北市常住人口达 218.8 万人，户籍城镇化率为 56%。

淮北市累计生产原煤已超过 10 亿吨，对中国东部地区的能源供应具有重要影响。2020 年，淮北市完成地区总产值 1119.1 亿元，三次产业结构平均比重为 7.2：41.7：51.1。煤炭行业占工业增加值较上年增长 5.2%，增速最高 [122]。由于城市发展长期对煤炭、电力、机械制造等传统产业的依赖，城市的产业结构相对单一，受资源产业波动的影响较大，随着可采储量的下降，城市的可持续发展能力不足。资源产业的分布与发展也影响着城市空间的格局与基础设施的规划。同时，受到开采沉陷作用的影响，淮北市存在城市空间布局分散、城市功能不完善以及生态环境恶化等问题。

煤炭属于不可再生资源，这就决定了煤炭资源产业的发展具有从兴起到消失的周期性发展规律，以其为主导产业的城市也同样呈现出"因矿而兴，因矿而衰"的发展过程 [123]（图 3-2）。煤炭资源开采和城镇化导致的建设用地扩展，是影响淮北市湿地景观重要的人为因素。因此，依据原煤生产和城镇化的变化情况，淮北市资源产业的发展过程可分为以下四个阶段：发生期、成长期、成熟期、衰退期 / 转型期。在不同的发展阶段，城市的经济、社会发展具有显著的差异性，湿地景观的空间分布受到的影响也不同。

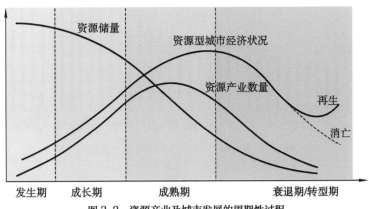

图 3-2　资源产业及城市发展的周期性过程

1. 发生期（1949—1960 年）

发生期是指煤炭资源产业处于勘探和小规模的开采阶段。这一时期资源开采能力弱，原煤产量不稳定，具有以分散的小型煤矿生产为主的特点。由于煤矿数量少且产量低，采矿活动对区域生态格局的影响较小，采矿导致的采煤沉陷湿地呈点状分布。同时，这一阶段城镇化水平低，城镇建设用地扩张缓慢。农业生产是影响土地利用和湿地生态环境的主要干扰方式。

2. 成长期（1961—1994 年）

成长期是煤炭资源产业和城市的形成期，资源产业的生产要素快速聚集，新增煤矿数量不断增加。1976 年，淮北市原煤产量突破 1000 万吨。1995 年，超过 2000 万吨，原煤产量逐步递增（图 3-3）。1978—1994 年，淮北市原煤产量年平均增长率为 1.7%。同时，以服务矿区生产为目的的工矿城镇兴起，城市沿主要交通线向东北和东南方向外扩明显，形成"C"形的建设用地格局。这一时期，北部濉萧矿区为煤炭资源开采的重点地区，大中型煤矿密集于此。与此同时，该地区开采沉陷区明显扩大，采煤沉陷湿地快速形成，采矿活动对湿地空间分布的影响突显。

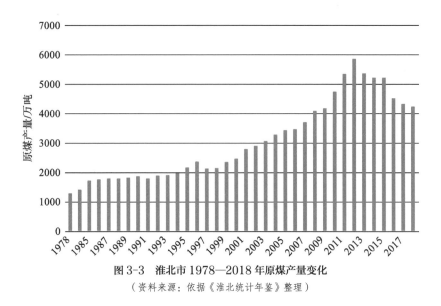

图 3-3　淮北市 1978—2018 年原煤产量变化

（资料来源：依据《淮北统计年鉴》整理）

3. 成熟期（1995—2012 年）

进入成熟期，煤矿的勘探程度较高，主要的大中型煤矿进入持续生产阶段，新增煤矿数量较成长期有所减少。但各煤矿的产能提升显著，原煤年产量以及年增长率达到最大。1995—2012 年，淮北市原煤产量年平均增长率为 6.7%，2012 年，原煤产量达到最大值 5835 万吨。大规模的开采导致煤炭资源储量快速减少，资源枯竭的压力显现。淮北市中部的临涣矿区得到进一步开发，保障了这一时期煤炭资源的接续。这一时期，淮北市城镇化快速增长，城镇建设用地加速扩张，且具有明显的填充式增长的特征。城市的边缘区与矿区、采煤沉陷湿地呈犬牙交错的空间格局，对城镇建设用地增长的约束作用明显。除采矿活动干扰外，这一时期城镇化对湿地景观格局的影响逐渐增强。同时，随着临涣矿区的大规模开发，采煤沉陷湿地的分布扩展至中部地区，导致全市多个流域内湿地景观格局发生变化，湿地景观的稳定性明显恶化。

4. 衰退期 / 转型期（2013 年至今）

2013 年，淮北市原煤产量达到 5357 万吨。此后，部分大中型煤矿因资源枯竭而陆续关停，淮北市的煤炭产量开始连续下降。2020 年，淮北市原煤产量达到 3779.9 万吨，较 2013 年下降近 30%。继 2009 年正式被国务院认定为资源枯竭型城市后，淮北市进入了城市转型发展的关键时期。2016 年，淮北市提出了"中国碳谷·绿金淮北"的发展战略，作为产业和城市转型的蓝图。随着产业结构的不断调整，目前淮北市已经形成煤电、机械制造、纺织服装等传统产业和陶铝新材料、新型煤化工、电子信息等接续产业共同发展的局势。同时，这一时期城镇化增长的速度放缓，但城镇建设用地维持增长的趋势。由于部分停产矿区土地逐步实现稳沉，濉萧矿区部分采煤沉陷湿地得到了不同程度的复垦，面积有所减小。然而由于煤矿开采重心南移至临涣矿区，中部地区采煤沉陷湿地大规模扩张，采煤沉陷湿地面积随之达到最大。

本书将结合淮北市资源产业发展的阶段特征，分别对三个不同年份的土地利用情况进行分析，以定量反映淮北市资源产业在成长期、成熟期和衰退期的湿地景观演化特征。

3.2 土地利用信息的提取

提取淮北市不同发展时期湿地空间分布信息是分析景观演化的基础。本书采用了 3S 技术，通过遥感影像结合 DEM 数据、野外实地调查数据等其他相关辅助数据，获取淮北市 1988 年、2002 年、2018 年的土地利用情况和湿地信息。土地利用信息的提取步骤如图 3-4 所示。

3.2.1 数据的来源与预处理

1. 数据来源

本章采用的数据如下。

①基础地理数据，包括淮北市行政边界图、城市主要道路数据，均来自中国科学院地理科学与资源研究所的资源环境科学与数据中心（https://www.resdc.cn）。

②采用 1988 年、2002 年和 2018 年三期淮北市遥感影像数据用于制作各年份土地利用图，即美国陆地资源卫星 Landsat 系列遥感数据。Landsat 系列遥感数据能够提供自 1972 年至今的连续数据，其中 Landsat4-5 后搭载的传感器能够提供分辨率达

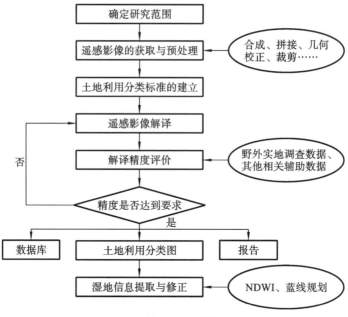

图 3-4　土地利用信息的提取步骤

30 m 的遥感影像。其具有较高的空间分辨率、波谱分辨率和定位精度，已经成为目前世界上应用最广的遥感数据来源。本章主要针对淮北市的湿地景观格局进行研究，因此在遥感影像的选取中采用了淮北市汛期，即 5—9 月前后的影像。其中 1988 年、2002 年遥感数据来自美国地质调查局（https://www.usgs.gov），条带号 122，行号 36 和 37。影像为 1988 年 8 月 4 日的 Landsat5 TM 数据和 2002 年 8 月 13 日的 Landsat7 ETM+ 数据，分辨率为 30 m。2018 年遥感数据来自地理空间数据云（https://www.gscloud.cn），图像为 5 月 3 日的 Landsat8 OLI 数据，分辨率为 30 m。使用 ERDAS IMAGINE 2014 软件对图像进行预处理，可得到三个年份淮北市的遥感影像图。

③淮北市 DEM 数据（30 m 分辨率）来自地理空间数据云（https://www.gscloud.cn）。

④淮北市境内各矿的分布。

⑤ 2005 年、2015 年开采沉陷区的分布情况。

⑥ 2025 年沉陷预计图（比例尺 1 : 20000）。

⑦淮北市城市总体规划、城乡一体化规划等资料。利用 ArcGIS 平台，经过地理配准和矢量化后可得到该资料。

⑧淮北市湿地统计数据和水质监测数据。

2. 遥感影像预处理

遥感影像的预处理过程包括辐射校正、几何校正、投影变换、影像镶嵌与裁剪、波段组合和影像增强等步骤。辐射校正用于消除遥感影像因大气、太阳照射角度及传感器等而产生的辐射误差，从而提高遥感影像的解译精度。本章采用了 ERDAS 中的 Spatial Modeler 模块和 ATCOR 工具完成对三期遥感影像的辐射校正。

遥感影像合成过程中，影像中地物的形状、位置和比例不可避免地会发生几何变形，因此需要结合参考数据对遥感影像进行几何校正处理。校正过程中以一幅校正过的高分二号卫星遥感影像和野外调查记录的坐标数据作为参考，选取标志性建筑物、水利设施、道路及河流的交叉点等作为控制点。每期遥感影像均匀分配 60 个点，采用最近邻近点法与基准影像进行配准，总误差控制在 0.5 个像元以内。几何校正完成后对影像进行投影变换，将图像的地理坐标系换算为平面坐标系。数据图像基准面为 WGS84（1984 年世界大地坐标系），投影为 UTM，ZONE 50。

在 Landsat 系列遥感影像中，淮北市分布于两景影像中（行编号 36、37），需要完成对同一年份影响的镶嵌处理得到覆盖淮北市的全景影像。影像镶嵌采用 ERDAS 中的 Mosaic Images 模块完成。在完成影像的镶嵌后，利用淮北市行政边界的矢量文件对影像进行裁剪，提取三个年份的淮北市遥感数据。

多波段的遥感影像有着更为丰富的光谱信息，不同的波段组合提供的信息也有所侧重，因此需要根据研究目的进行最优选择以突出目标信息。本章基于 ERDAS 平台，采用监督分类法进行遥感影像解译。为提高分类的精度和效率，三期遥感影像均采用了标准假彩色合成（color in frared，CIR）。CIR 具有植被显示为红色的特征，林地、草地和农用地色彩层次清晰，水体和城乡建成区的边界明显，能够满足研究土地利用分类的需要（图 3-5）。由于不同型号的 Landsat 遥感卫星的传感器不同，CIR 的波段组合也不相同，如表 3-2 所示。

图 3-5　淮北市 2018 年遥感影像标准假彩色合成

表 3-2　各遥感影像信息

影像时间	条带号 / 行号	数据源	空间分辨率 /m	波段组合
1988 年 8 月 4 日	122/36	Landsat5 TM	30	4、3、2 波段
	122/37	Landsat5 TM	30	
2002 年 8 月 13 日	122/36	Landsat7 ETM+	30	4、3、2 波段
	122/37	Landsat7 ETM+	30	
2018 年 5 月 3 日	122/36	Landsat8 OLI	30	5、4、3 波段
	122/37	Landsat8 OLI	30	

3.2.2　遥感影像解译

遥感影像解译是通过分析光谱信息，形状信息和空间关系信息，从而识别目标地物的地类属性，将不同类型的地物划分为若干个互不重叠的子集，子集内部像元信息的差异尽可能小，而子集之间像元信息的差异尽可能大，实现从影像数据到光谱类再到最终用户需要的信息类的转变（图3-6）。解译的过程包括建立土地利用/覆盖分类体系、建立解译标志、选择分类方法执行分类、分类精度评价与分类后处理。

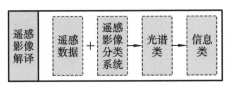

图3-6　遥感解译的信息转换过程

1. 建立土地利用/覆盖分类体系

根据淮北市土地利用/覆盖的特征、《土地利用现状分类》，以及《中华人民共和国土地管理法》，将土地利用分为农用地、林地、草地、建设用地、未利用地和湿地6个大类（表3-3）。淮北市农用地主要为旱地，一年两熟的轮作制度，夏季部分农田种植水稻，冬季以小麦为主。因此将水田归为农用地，不纳入湿地范围。林地包含丘陵地带以绿化荒山为目的的生态林，以及平原地区的防护林、经济林和果林等。草地主要为丘陵地带的天然草地和平原地区少量的牧草地。建设用地包括淮北市主城区、濉溪县及各镇的建成区，农村居民点，工矿用地和交通用地等。淮北市平原面积比重大，土地开发强度高，未利用地主要包括因采矿活动导致的工矿废弃地、建设用地中被废弃的空闲地，以及丘陵地带的岩石与石砾等。湿地包括除水田外淮北市所有的湿地类型。根据湿地专题研究的需要和淮北市湿地的现状，在遥感影像解译过程中，进一步将湿地划分为河流、水库、农用池塘、采煤沉陷湿地和城市人工景观水面与娱乐水面5个子类型。其中，河流包括自然河流、人工运河与输水河。在淮北市，部分采煤沉陷湿地经过生态恢复后，将成为城市景观湿地（如淮北市东湖湿地公园），但本章中仍将其归为采煤沉陷湿地。

表3-3　淮北市土地利用分类

序号	土地利用类型	地类描述
1	农用地	包括各类耕地，主要为旱地
2	林地	包括有林地、灌木林地、园地等
3	草地	包括高覆盖草地、中覆盖草地、低覆盖草地

序号	土地利用类型	地类描述
4	建设用地	包括城镇工矿用地、农村居民点用地、其他建设用地（交通水利及其他建设用地）
5	未利用地	包括裸地、工矿废弃地、空闲地等
6	湿地	包括河流、水库、农用池塘、采煤沉陷湿地、城市人工景观水面与娱乐水面

2. 建立解译标志

在确定淮北遥感影像的分类体系后，需要识别并描述某一地类在影像中的主要特征，建立解译标志（表3-4）。遥感影像的分辨率以及波段组合、图像增强等预处理方式影响着解译标志的判读。本章运用目视解译和实地调查的方法建立解译标志体系。对于旱地、丘陵地区的林地、城市建成区等易于识别的地类，通过目视建立解译标志。同时，在湿地类型和部分特殊地物的判读中，如农业温室、矿区矸石山等，则采用野外GPS定位调查、矿区分布图、DEM数据、城乡土地利用现状图等方式进行辅助识别。

表 3-4 遥感影像解译标志

一级分类	二级分类	解译标志	标志特征
农用地	—		标准假彩色显示下为浅红色，形状规则，面积最大；农作物收割后为土褐色；分布于城市、乡镇建设用地周边
林地	—		淮北市自然林地树种较为单一，光谱特征为暗红色，色彩饱和度高；主要分布于丘陵地带，零星分布于河流沿岸、乡村周边及农田内部等地，结合DEM数据进行判读
草地	—		光谱特征为土红色，形状不规则；主要分布于丘陵地带，结合DEM数据进行判读
建设用地	—		光谱特征为白灰色，噪点显著，形状规则且边缘清晰；结合淮北市城乡土地利用现状图判读

一级分类	二级分类	解译标志	标志特征
未利用地	—		光谱特征为玫红色与土褐色，形状不规则；主要为工矿废弃地，地表覆盖为杂草和裸地，需要结合开采沉陷图和实地调查判读；少量分布于城镇建设用地周围
湿地	河流		光谱特征为深蓝色或蓝色，呈条带状，边缘清晰；分布于平原地区
	水库		光谱特征为深蓝色，边缘清晰，分布于东部丘陵之间
	农用池塘		光谱特征为深蓝色或蓝灰色，形状规则；分布于农田范围内
	采煤沉陷湿地		光谱特征为浅蓝或深蓝色，连片分布且破碎化特征显著；集中分布于矿场周边，通过开采沉陷分布图辅助识别
	城市人工景观水面与娱乐水面		光谱特征为蓝色，规模小，形状规则；分布于城市建成区范围内，通过结合淮北市城乡土地利用现状图和实地调研判读

3. 选择分类方法执行分类

（1）遥感影像分类方法。

分类方法的选择是遥感影像解译的关键步骤。依据分类的方式不同，遥感影像的主要分类方法包括目视解译、非监督分类和监督分类。目视解译是依靠人工对地物光谱信息和形态特征进行观测，对应遥感影像的解译标志，识别影像中地物的空间属性。这一方法主要依靠人工完成，工作量大、主观性强且效率低，适合于资料丰富同时解译人员对研究区域十分熟悉的情况。非监督分类主要是依靠光谱信息，通过计算对象特征参数进行聚类分析，以实现计算机自动识别分类的方法。这一方法分类速度快但误差相对较大，在特定对象的识别和分类方面较为成熟。监督分类是在统计地类影像特征参数的基础上完成对分类器的训练从而确定决策规则，实现对影像进行分类的技术[124]。监督分类是一种人机交互的解译方法，能够控制训练样本的选择，并通过反复训练样本提高分类精度。该方法综合了非监督分类法和目视解译法的优点，具有较高的解译精度和效率。

依据分类的步骤不同，遥感影像的分类方法包括聚合分类解译和逐层分类解译。聚合分类解译是将影像中所有的地物进行一次分类，直接生成包含所有地类信息的分类成果。逐层分类解译是根据已设定的土地利用类型，建立分类树，描述地类之间的关系，并依据分类树的结构逐层判别、分类。分类过程中允许根据地类的光谱、空间和时间特征，修改分类条件和分类方法，如对遥感影像的波段进行有针对性的组合运算，从而能够更准确地提取某一地类信息。在完成某一地类的分类后，通过掩膜方法去除遥感影像对应的部分，再利用其他分类方法提取下一地类信息。该方法在各层分类时可以只针对一种地类进行解译，避免了各地类分类模板之间的相互干扰，同时能够根据各层需要，灵活运用目视解译、监督分类和非监督分类的方法，最终通过提高各层的分类精度，保障总体分类精度。因此，本章采用逐层分类解译的方法。

（2）湿地的提取与分类。

通过分析各地类分类样本光谱曲线可以发现，水域的光谱特征与林地、建设用地和未利用地有明显的差异。水生植被的生长常会造成水域与农用地和草地的分类误差。利用水体指数提取遥感影像中的水域能在一定程度上消除这一误差，相关的指数有归一化水体指数（normalized difference water index，NDWI）。NDWI 是基于水体在近红外和中红外波段的光谱反射率极低，而绿色植被则在近红外波段的反射率较高这一差异性构建，该指数能够消除水生植物对水体信息提取的影响。NDWI可根据式（3-1）计算

$$NDWI = \frac{Green - NIR}{Green + NIR} \tag{3-1}$$

式中：Green——绿光波段反射值；

NIR——近红外波段反射值。

在 ERDAS 的 Spatial Modeler 模块中构建提取水域的影像波段运算模型，可得到水体指数影像。TM 影像中绿光波段和近红外波段为波段 2 和波段 4，OLI 影像中为波段 3 和波段 5。然后通过监督分类得到初步的水域矢量图，并利用蓝光波段像元亮度值与第一主成分的比值，以及阈值分割模型消除水体信息中的阴影信息，完成湿地的分层提取。

根据遥感影像的分类结果能够准确得出不同年份水域的范围，而依据湿地的定义，湿地不仅包含河流、湖泊中的水域，同时也包含其水域周边的浅滩、驳岸等区域。因此，本章在获得淮北市各年份水域信息的基础上，结合《基于 TM 遥感影像的湿地资源监测方法》（LY/T 2021—2012）、《淮北市湿地保护与发展规划》、《淮北市蓝线规划》，以及实地调查资料，获取各湿地的范围信息，在 ArcGIS 平台中对遥感分类数据进行调整，获得最终湿地的范围。

受空间分辨率等因素的限制，Landsat 系列遥感影像适宜针对二级湿地进行分类监测，但难以进行多级湿地类型的识别[125]。因此，在湿地子类型的分类中，基于已获取的水域信息，结合实地调查、淮北市城乡土地利用现状图、淮北市湿地资源分布图、开采沉陷分布图等资料，淮北市湿地可划分为采煤沉陷湿地、河流、农用池塘、水库、城市人工景观水面与娱乐水面 5 类。为保障湿地信息的精度，去除面积小于 0.2 hm^2 的湿地[126]，最终在 ArcGIS 10.2 平台构建淮北市湿地景观演化监测数据库。

（3）其他地类的提取。

在完成对湿地的分类提取后，去除遥感影像中相关部分，并对其他部分进行监督分类。在 ERDAS 平台中，监督分类的过程可以概括为定义分类模板、评价分类模板、执行分类等步骤。

定义分类模板和评价分类模板决定着最终分类的精度，该步骤在 ERDAS 的 Signature Editor 模块中完成。定义分类模板结合了实地调查结果、年代相近的土地利用现状图和历史影像等资料。选取遥感影像中某一地类已知的典型图斑的像元集合作为分类模板，像元集合内部的差异应尽可能小。同时，为了优化分类统计的结果，同一地类应选取多个分类模板，数量不低于影像波段数且分布尽量分散。在完成同一地类分类模板的选取后将其合并，然后进行下一地类分类模板的训练，最终得到分类规则的模板集。随后采用模块中的 Evaluate 功能对已定义的模板集进行评价，并参考误差矩阵报告，反复修改分类模板集，以降低误差。得到最终的分类模板集后，在 Supervised Classification 模块中选择分类算法执行监督分类。ERDAS 中提供的分类法算法包括最大似然分类算法、高斯混合模型和最小距离分类算法等。其中，最大似然分类算法因其分类精度较高而得到广泛应用，本章也采用了该算法[127]。完成对分类模块的设置后执行分类，生成土地利用分类图。最后将湿地分类结果和其他地类分类结果合并，得到最终的淮北市不同时段的土地利用分类结果。

4. 分类精度评价与分类后处理

（1）分类精度评价。

在遥感影像解译的过程中，受影像数据的不确定性、分类算法的局限性和监督分类中人工操作的主观性等因素的影响，分类结果会存在一定程度的误差。分类精度评价是在生成的分类图中，随机选择一定数量的像元样本，与已知分类的参考图像中的像元地类属性进行对比，从而计算分类精度。在评价分类精度的过程中，利用分层采样的方法在每期影像中随机采集 200 个样点，且每一地类的样点数量不低于 30 个，从而保证各个地类有足够的样点数量。评价结果显示，2018 年、2002 年和 1988 年三期淮北市遥感影像分类的总体精度分别为 95.62%、92.44% 和 93.47%，Kappa 系数分别为 0.85、0.82 和 0.83，均达到分类精度要求。

（2）分类后处理。

无论采用何种解译方法，其实质都是以遥感影像的光谱信息为基础进行聚类分析的，分类结果难免存在一定的局限性，难以达到实际应用的要求，因此需要对分类结果进行分类后处理。本章对完成初步分类的三期土地利用分类图进行了聚类统计、去除分析和分类重编码的处理。聚类统计和去除分析通常是组合完成，以解决分类结果缺乏空间连续性的问题，实现简化土地利用分类图的目的，避免影响后期的分析应用。分类重编码是对简化结果中各地类的代码、地类名称以及显示颜色等信息进行编辑，以便建立地理数据库。1988 年、2002 年、2018 年淮北市土地利用分类图如图 3-7 所示。

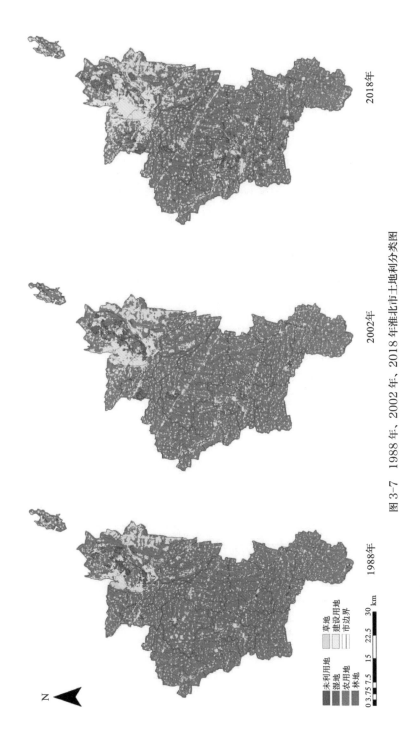

图 3-7 1988 年、2002 年、2018 年淮北市土地利用分类图

2018年

2002年

1988年

N

未利用地
湿地
农用地
林地

草地
建设用地
市边界

0 3.75 7.5   15   22.5   30 km

3.3 湿地时空动态转化过程

3.3.1 土地利用变化的整体特征

不同地类之间的相互转化是人类生产和生活对自然环境综合作用的结果，反映了一定时期人类活动对自然环境的作用方式和强度的变化。城市整体土地利用转化过程能够反映湿地的整体变化趋势及其形成与消亡机制。基于土地利用分类结果，下面将量化分析淮北市从成长期、成熟期到衰退期30年间土地利用的数量结构特征和阶段性变化特征。

整体来看，农用地始终是淮北市面积最大的地类，广泛分布于淮北市。北部中心城区用地类型复杂，中部和南部除农用地外，主要为建设用地和湿地。从淮北市各年份土地利用的构成（图3-8）可以看出，各年份中农用地和建设用地的比重之和超过88%，湿地的占比低于6%，林地、草地及未利用地比重较小且总量在5%左右。1988—2018年，淮北市的土地利用构成发生了显著的变化，农用地占全市土地面积的比重下降了14.68%，而建设用地则增加了12.86%，湿地、林地和未利用地分别增加了1.2%、0.78%和0.46%，草地则减少了0.61%。

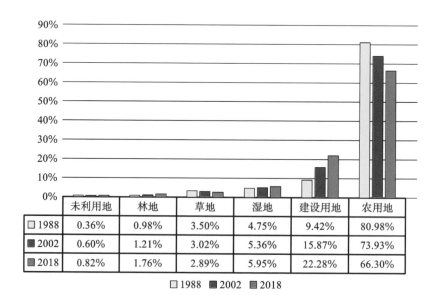

	未利用地	林地	草地	湿地	建设用地	农用地
☐ 1988	0.36%	0.98%	3.50%	4.75%	9.42%	80.98%
■ 2002	0.60%	1.21%	3.02%	5.36%	15.87%	73.93%
■ 2018	0.82%	1.76%	2.89%	5.95%	22.28%	66.30%

☐ 1988 ■ 2002 ■ 2018

图 3-8　1988 年、2002 年和 2018 年淮北市土地利用的构成

对比三个时期的土地利用情况，可以发现建设用地是淮北市 1988—2018 年增长规模最大的地类，共增长了 352.54 km²。其中，1988—2022 年建设用地面积年均增长 12.63 km²，2002—2018 年建设用地面积年均增长为 10.98 km²，呈连续增长的趋势（表 3-5）。农用地是面积减少最多的地类，共减少了 402.56 km²。其中，1988—2002 年农用地面积年均减少 13.81 km²，2002—2018 年农用地面积年均减少 13.08 km²，呈持续下降的趋势。湿地面积共增长了 32.96 km²，增长规模仅次于建设用地。其中，1988—2002 年湿地面积年均增长 1.2 km²，而 2002—2018 年湿地面积年均增长 1.01 km²，增长速度有所下降。草地面积共减少了 16.76 km²。其中，1988—2002 年草地面积年均减少 0.94 km²，而 2002—2018 年草地面积年均减少了 0.23 km²，呈现持续下降的变化过程。林地占淮北市面积的比重较小且不足 2%，共增长 21.26 km²。其中，1988—2002 年林地面积年均增长 0.44 km²，2002—2018 年林地面积年均增长 0.94 km²，呈加速增长的趋势。未利用地是淮北市规模最小的土地利用类型，其面积整体增长 12.56 km²。其中，1988—2002 年未利用地面积增长显著，年均增长 0.47 km²，而 2002 年后未利用地面积年均增长 0.37 km²，呈连续增长的趋势。

表 3-5　1988 年、2002 年和 2018 年淮北市各地类面积（单位：km²）

类型	年份			
	1988	2002	2018	1988—2018（面积差）
湿地	130.27	147.07	163.22	32.96
农用地	2220.07	2026.78	1817.50	− 402.56
林地	26.90	33.13	48.17	21.26
草地	95.92	82.78	79.16	− 16.76
未利用地	9.89	16.50	22.46	12.56
建设用地	258.34	435.13	610.88	352.54

不同时期湿地分类结果显示：河流和采煤沉陷湿地是淮北市面积最大的湿地类型。随着人工渠的延伸，河流的面积增长了 4.14 km²，但 2018 年河流占湿地总量的比重下降了 11.2%。采煤沉陷湿地是面积增长最快的湿地类型，30 年间共增加了

34.83 km^2，占全市湿地的比重增长了 17.3%。研究期间大量的采煤沉陷湿地被改造为农用池塘，而 1988 年以前原有的农用池塘的面积则呈减少的趋势，至 2018 年减少了 8.42 km^2。城市人工景观水面与娱乐水面也是采煤沉陷湿地转化的重要方面，近年来，淮北市先后建成了多座湿地公园，使得该类湿地的面积迅速增加，但为了保持相关统计数据的可对比性，本书中仍将其归为采煤沉陷湿地。其他新增的城市人工景观水面与娱乐水面增长幅度较小，至 2018 年占全市湿地的比重增加至 0.26%。

3.3.2　湿地的动态转化强度

　　湿地的动态转化是一个双向变化的过程，包括其他地类在一定时间段内变化为湿地的转入过程和湿地变化为其他地类的转出过程。为了定量描述各阶段淮北市湿地的动态转化方向和强度，本章采用了土地利用变化强度分析模型（intensity analysis）。强度分析模型是由美国学者 Aldwaik 和 Pontius 提出的深入分析土地利用变化的数学模型 [128]。目前强度分析模型已经在多个国家和地区的土地利用变化研究中获得应用，如 Romero 等对美国哥伦比亚 Llanos Orientales 地区自 1987 年以来的土地利用进行了分析 [129]。目前，国内部分学者开始引入该模型，但相关的应用案例还较少，如 Huang 等分析了龙海市海岸带三个时段的土地利用变化情况 [130]。孙云华等对昆明市 1900—2014 年的土地利用变化过程进行了分析等 [131]。该模型是对 Markov 转移矩阵结果的深入挖掘。Markov 转移矩阵是对系统状态及状态转移的定量描述，但计算结果仅能够提供某一个时间段内各地类之间转化情况的简单数量比较结果。强度分析模型是一个逐层递进解释土地利用变化机制的数学框架，不仅能够对多个连续间隔时段的土地利用转化关系进行综合分析，同时能够系统地反映各用地类型的变化强度和稳定性。强度分析模型可系统地反映淮北市 1988—2002 年、2002—2018 年两个时段湿地与其他地类之间的相互转化关系。

　　强度分析模型是在计算出各地类之间相互转化的数量关系（即转移矩阵结果）的基础上，从时段层次、地类层次和转变层次自上而下计算各土地利用类型之间的转化强度，从而更加系统和直观地解释人类活动影响下土地利用的变化机制。转移矩阵的计算公式如图 3-9 所示，基于 ArcGIS 平台对 1988 年和 2002 年、2002 年和 2018 年土地利用的结果进行相交处理后，得到转移矩阵结果，见表 3-6。

		Y_{t+1}年土地利用类型						
		j=1	j=2	…	j	…	j=J	转出面积
Y_t年土地利用类型	i=1	C_{t11}	C_{t12}	…	C_{t1j}	…	C_{t1J}	L_{t1}
	i=2	C_{t21}	C_{t22}	…	C_{t2j}	…	C_{t2J}	L_{t2}
	⋮	⋮	⋮		⋮		⋮	⋮
	i	C_{ti1}	C_{ti2}	…	C_{tij}	…	C_{tiJ}	L_{ti}
	⋮	⋮	⋮		⋮		⋮	⋮
	i=J	C_{tJ1}	C_{tJ2}	…	C_{tJj}	…	C_{tJJ}	L_{tJ}
	转入面积	G_{t1}	G_{t2}	…	G_{tj}	…	G_{tJ}	
	[Y_t，Y_{t+1}]时段内所有土地利用类型变化面积							H_{tGN}

图 3-9　Markov 转移矩阵计算过程

图中：Y_t—— 时段初期的年份；

Y_{t+1}—— 时段末期的年份；

i—— 初期土地利用类型；

j—— 末期土地利用类型；

J—— 土地利用类型总数；

C_{tij}——t 时段内从土地利用类型 i 转化为 j 的面积；

L_{ti}——t 时段内第 i 类土地利用行类型转出为其他土地利用类型的总面积；

G_{tj}——t 时段内其他土地利用类型转入 j 类土地利用类型的总面积；

H_{tGN}——L_{ti} 与 G_{tj} 之和，即该时段所有土地利用类型变化的总面积。

表 3-6　淮北市土地利用转化情况（单位：km^2）

地类	湿地	农用地	林地	草地	未利用地	建设用地	转出
湿地	99.49	15.32	0.92	0.23	2.89	11.42	30.77
	101.25	28.64	2.50	1.71	1.18	11.79	45.82
农用地	34.97	1993.56	10.88	4.05	7.53	169.08	226.50
	44.19	1769.07	17.25	12.39	10.25	173.63	257.70
林地	1.56	4.95	12.88	2.73	0.10	4.69	14.03
	1.38	5.69	16.44	5.92	0.29	3.40	16.69
草地	0.34	7.36	7.49	75.06	0.27	5.40	20.86
	0.63	5.24	9.49	57.18	3.33	6.92	25.60

地类	湿地	农用地	林地	草地	未利用地	建设用地	转出
未利用地	2.06	2.77	0.18	0.30	1.20	3.38	8.70
	3.90	4.54	0.56	1.09	0.60	5.81	15.90
建设用地	8.65	2.81	0.79	0.40	4.51	241.17	17.17
	11.88	4.32	1.92	0.87	6.81	409.33	25.81
转入	47.58	33.21	20.26	7.72	15.30	193.96	**636.07**
	61.97	48.43	31.73	21.99	21.86	201.55	**775.06**

注：白色底纹为 1988—2002 年转化面积，灰色底纹为 2002—2018 年转化面积，加粗字体为各时段总体转化面积（H_{tGN}）。

时段层次土地利用变化强度分析是用于对比不同时间段研究对象整体土地利用变化强度，从而解释该时间段的变化是快速的还是缓慢的。该层次的分析是通过对比各时段的土地利用平均变化强度值 S_t［式（3-2）］和整个研究期土地利用平均变化强度值 U［式（3-3）］，来判断各时段在整个研究期的变化强度是快速的还是缓慢的。当某一时段的 $S_t > U$ 时，表示该时段的土地利用变化强度是快速的；当 $S_t < U$ 时，则表示该时段的土地利用变化强度是缓慢的。

$$
\begin{aligned}
S_t &= \frac{Y_t 至 Y_{t+1} 时段土地利用变化总量/研究区总面积}{Y_t 至 Y_{t+1} 时段时间} \times 100\% \\
&= \frac{\left\{\sum_{j=1}^{J}\left[\left(\sum_{i=1}^{J} C_{tij}\right) - C_{tij}\right]\right\} \bigg/ \left[\sum_{j=1}^{J}\left(\sum_{i=1}^{J} C_{tij}\right)\right]}{Y_{t+1} - Y_t} \times 100\%
\end{aligned}
\tag{3-2}
$$

式中：S_t——任一时段土地利用年平均变化强度值；

C_{tij}——t 时段内从土地利用类型 i 转化为 j 的面积，km^2；

$Y_{t+1} - Y_t$——时段时间，年。

$$
\begin{aligned}
U &= \frac{研究期各时段土地利用变化总量/研究区总面积}{研究期总时间} \times 100\% \\
&= \frac{\sum_{t=1}^{T-1}\left\{\sum_{j=1}^{J}\left[\left(\sum_{i=1}^{J} C_{tij}\right) - C_{tij}\right] \bigg/ \left[\sum_{j=1}^{J}\left(\sum_{i=1}^{J} C_{tij}\right)\right]\right\}}{Y_T - Y_1} \times 100\%
\end{aligned}
\tag{3-3}
$$

地类层次土地利用变化强度分析是用于反映一个特定时段内各个地类变化强度的差异，从而解释同一时段中哪种地类的变化是活跃的或稳定的。各地类的转化过程包括转入和转出两种模式，因此不同地类变化强度的观测值可以分为转入强度值 G_{tj} ［式（3-4）］和转出强度值 L_{ti} ［式（3-5）］。通过将地类的转入强度值、转出强度值与时段土地利用平均变化强度值 S_t 进行对比，能够判断一个特定时段内该地类的变化特征。当 $G_{tj} < S_t$ 时，说明 j 地类在 Y_t 到 Y_{t+1} 时段内转入强度低于时段土地利用平均变化强度，即 j 地类的转入情况相对稳定；当 $G_{tj} > S_t$ 时，说明在 Y_t 到 Y_{t+1} 时段内 j 地类的转入情况是活跃的。同理，当 $L_{ti} < S_t$ 时，说明 i 地类在 Y_t 到 Y_{t+1} 时段内转出强度低于时段土地利用平均变化强度，即 i 地类的转出情况是稳定的；而当 $L_{ti} > S_t$ 时，说明在 Y_t 到 Y_{t+1} 时段内 i 地类的转出情况是活跃的。

$$G_{tj} = \frac{Y_t 至 Y_{t+1} 时段内 j 地类总的转入面积/该时段时间}{Y_{t+1} 时间\ j\ 地类的面积} \times 100\%$$
$$= \frac{\left[\left(\sum\limits_{i=1}^{J} C_{tij}\right) - C_{tjj}\right]/\left(Y_{t+1} - Y\right)}{\sum\limits_{i=1}^{J} C_{tij}} \times 100\% \tag{3-4}$$

$$L_{ti} = \frac{Y_t 至 Y_{t+1} 时段内 i 地类总的转出面积/该时段时间}{Y_t 时间\ i\ 地类的面积} \times 100\%$$
$$= \frac{\left[\left(\sum\limits_{j=1}^{J} C_{tij}\right) - C_{tii}\right]/\left(Y_{t+1} - Y\right)}{\sum\limits_{j=1}^{J} C_{tij}} \times 100\% \tag{3-5}$$

转变层次土地利用变化强度分析是针对特定时段特定地类的转入和转出模式，能够判断其他地类是否显著转变为或来源于某一特定地类，也能够反映同一时间段中某一特定地类的转化对其他地类影响程度的差异。与地类层次相同，转变层次中某一地类变化强度的观测值也分为转入强度和转出强度两个方面，各包括 $J - 1$ 项计算结果。分析过程包括以 n 地类为观测地类的转入模式和以 m 地类为观测地类的转出模式。模型通过对比任一地类 i 转入观测地类 n 的强度 R_{tin} ［式（3-6）］与 n 地类的平均转入强度 W_{tn} ［式（3-7）］，或对比观测地类 m 转出为任一地类 j 的强度 Q_{tmj} ［式（3-8）］与 m 地类的平均转出强度 V_{tm} ［式（3-9）］，从而将转化强度分为一般和显著。当 $R_{tin} < W_{tn}$ 时，表示任一地类 i 转入 n 地类的强度低于 n 地类的平均

转入强度，转化强度一般；当 $R_{tin} > W_{tn}$ 时，表示任一地类 i 转入 n 地类的强度高于 n 地类的平均转入强度，转化强度显著。当 $Q_{tmj} < V_{tm}$ 时，表示观测地类 m 转出为任一地类 j 的强度低于 m 地类的平均转出强度，转化强度一般；当 $Q_{tmj} > V_{tm}$ 时，表示观测地类 m 转出为任一地类 j 的强度高于 m 地类的平均转出强度，转化强度显著。

$$R_{tin} = \frac{Y_t 至 Y_{t+1} 时段内 i 地类转入 n 地类的面积/该时段时间}{Y_t 时间 i 地类的面积} \times 100\%$$
$$= \frac{C_{tin}/(Y_{t+1} - Y_t)}{\sum_{j=1}^{J} C_{tij}} \times 100\% \qquad (3\text{-}6)$$

式中：R_{tin}——任一地类 i 转入观测地类 n 的强度值；

$\quad\quad C_{tin}$——任一地类 i 转入观测地类 n 的面积，其中 $i \neq n$。

$$W_{tn} = \frac{Y_t 至 Y_{t+1} 时段内转入 n 地类的面积/时段时间}{Y_t 时间非 n 地类的面积} \times 100\%$$
$$= \frac{\left[\left(\sum_{i=1}^{J} C_{tin}\right) - C_{tnn}\right]/(Y_{t+1} - Y_t)}{\sum_{j=1}^{J}\left[\left(\sum_{i=1}^{J} C_{tij}\right) - C_{tnj}\right]} \times 100\% \qquad (3\text{-}7)$$

式中：W_{tn}——观测地类 n 的平均转入强度值；

$\quad\quad C_{tin}$——任一地类 i 转入观测地类 n 的面积；

$\quad\quad C_{tnn}$——n 地类中未发生转变部分的面积；

$\quad\quad C_{tnj}$——j 地类转出为任一地类 n 的面积。

$$Q_{tmj} = \frac{Y_t 至 Y_{t+1} 时段内 m 地类转变为 j 地类的面积/该时段时间}{Y_{t+1} 时间 j 地类的面积} \times 100\%$$
$$= \frac{C_{tmj}/(Y_{t+1} - Y_t)}{\sum_{i=1}^{J} C_{tij}} \times 100\% \qquad (3\text{-}8)$$

式中：Q_{tmj}——观测地类 m 转出为任一地类 j 的强度值；

$\quad\quad C_{tmj}$——观测地类 m 转变为任一地类 j 的面积，其中 $j \neq m$。

$$V_{tm} = \frac{Y_t 至 Y_{t+1} 时段内 m 地类转出的面积/时段时间}{Y_{t+1} 时间非 m 地类的面积} \times 100\%$$

$$= \frac{\left[\left(\sum_{j=1}^{J} C_{tmj}\right) - C_{tmm}\right] / \left(Y_{t+1} - Y_t\right)}{\sum_{i=1}^{J} \left[\left(\sum_{j=1}^{J} C_{tij}\right) - C_{tim}\right]} \times 100\% \qquad (3-9)$$

式中：V_{tm}——观测地类 m 的平均转出强度值；

C_{tmg}——观测地类 m 转变为任一地类 j 的面积；

C_{tmm}——m 地类中未发生转变部分的面积；

C_{tim}——i 地类转出为任一地类 m 的面积。

1. 时段层次土地利用变化强度分析结果

时段层次土地利用变化强度分析结果如图 3-10 所示。左侧反映了各时段中发生变化的土地面积占淮北市市域总面积的比例，右侧为各时段土地利用变化强度 S_t 值。1988—2002 年，淮北市土地利用变化面积为 636.07 km²，2002—2018 年土地利用变化面积为 775.06 km²，土地利用的转化规模呈上升趋势。两个时段的年均变化强度 S_t 值的增加进一步体现了这一变化，1988—2002 年 S_t 的结果为 1.66%，2002—2018 年上升为 1.77%，U 为 1.72%。同时从图 3-10 中可以更加直观地得出，2002—2018 年淮北市土地利用的变化强度更快，表明这一时段内淮北市不同地类之间的相互转化更为频繁。这反映出 2002—2018 年土地利用受人类活动的影响更大。

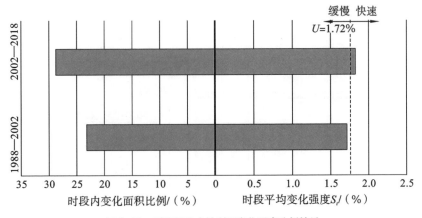

图 3-10 时段层次土地利用变化强度分析结果

2. 地类层次土地利用变化强度分析结果

地类层次土地利用变化强度分析结果包括两个部分，如图 3-11 和图 3-12 所示，两图中左侧部分均为年平均变化面积，反映了同一时段内各地类转入和转出速度的差异，右侧部分均为地类变化强度，反映了同一时段内各地类转入和转出对其自身稳定性的影响程度。

1988—2002 年，共有 30.77 km² 的湿地转变为其他土地利用类型，同时共 47.58 km² 的其他土地利用类型转变为湿地，转入面积是转出面积的 1.55 倍。这一时段湿地的年平均转入面积为 3.4 km²，同时年平均转出面积为 2.2 km²，年平均净增加面积为 1.2 km²。该时段湿地的年平均转入面积仅次于建设用地，表明湿地的变化显著受到人类活动等外部因素的影响（图 3-11 左侧）。在湿地变化强度方面，该时段湿地的转入强度值 G_{tj} 和转出强度值 L_{ti} 分别为 2.31% 和 1.69%，均高于本时段的年均变化值 S_t 值 1.66%（图 3-11 右侧）。这一结果表明湿地的转入和转出强度均较为活跃且转入强度大于转出强度，说明转入对湿地稳定性的影响更大。其他地类中，农用地年平均转出面积为 16.18 km²，是转出速度最快的地类。然而由于农用地的总面积最大，其 G_{tj} 和 L_{ti} 为 0.12% 和 0.73%，是该时段最为稳定的地类。1988—2002 年，建设用地是转入速度最快的地类，年平均转入面积达 13.85 km²。建设用地的 G_{tj} 值为 3.18%，高于该时段的 S_t 值，表明建设用地的转入是活跃的。同时建设用地的 L_{ti}

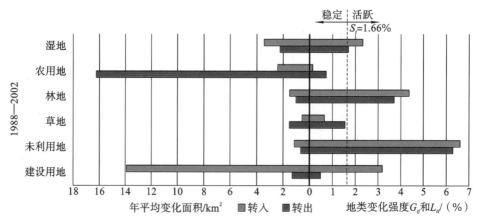

图 3-11　1988—2002 年地类层次土地利用变化强度分析结果

为 0.47%，表明建设用地的转出是稳定的。因此，建设用地具有转入强度显著大于转出强度的特征。这反映出，城镇化造成的建设用地增加是导致这一时期土地利用变化的重要特征。未利用地的 G_{tj} 和 L_{ti} 最高，说明未利用地的转入和转出强度最高，是该时段最为活跃的地类。这也意味着未利用地的稳定性最低，是最容易受到外部干扰的地类。

2002—2018 年，共有 45.82 km² 的湿地转变为其他土地利用类型，同时共 61.97 km² 的其他土地利用类型转变为湿地，转入面积是转出面积的 1.35 倍。该时段湿地年平均转入面积为 3.87 km²，年平均转出面积为 2.86 km²，年平均净增加面积为 1.01 km²，对比上一时段可以发现，尽管这一时段内湿地转入的面积呈增加趋势，但湿地转出面积的快速提高导致了湿地净增加面积的减少（图 3-12 左侧）。2002—2018 年湿地的 G_{tj} 和 L_{ti} 分别为 2.37% 和 1.95%，而该时段的 S_t 值为 1.77%，表明该时段内湿地的变化是活跃的（图 3-12 右侧）。相比于上一时段，湿地的转入强度和转出强度均有明显的增加，反映出该时段湿地具有快速转入快速转出的特征。其他地类中，农用地年平均净减少面积为 13.08 km²，仍为转出总量最大的地类，但减少速度有所下降。农用地的 G_{tj} 和 L_{ti} 值较上一阶段有所增加，但仍是时段内变化强度最低的地类。建设用地是该时段内转入面积最大的地类，年平均净增加面积达 10.98 km²。随着总体规模的扩大，建设用地的 G_{tj} 值较上一时段有所回落，但为该时段转入较为活跃的地类之一。未利用地的转入强度和转出强度均为最高，表明未利用地稳定性仍最差。

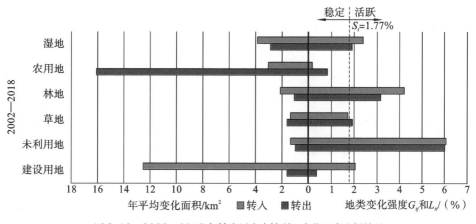

图 3-12　2002—2018 年地类层次土地利用变化强度分析结果

3. 转变层次湿地变化强度分析结果

在转变层次上，本章重点分析了湿地在两个时段的变化强度。该层次的分析结果包括两个部分，一部分为湿地年平均转入和转出的面积，另一部分为湿地转入和转出的强度值。如图3-13左侧所示，1988—2002年新增湿地主要来源于农用地，年平均转入面积为2.5 km²，占湿地转入总量的73.49%。其次为建设用地，年平均转入面积为0.62 km²。尽管这一时段内农用地转变为湿地的面积最大，但农用地转变为湿地的强度R_{tin}为0.11%，低于湿地的平均转入强度W_{tn}，表明农用地规模较大，因此其向湿地的转化强度并不显著。未利用地、林地和建设用地的R_{tin}值分别为1.49%、0.41%、0.24%，均高于湿地的平均转入强度W_{tn}，表明未利用地、林地和建设用地向湿地的转化强度是相对显著的。

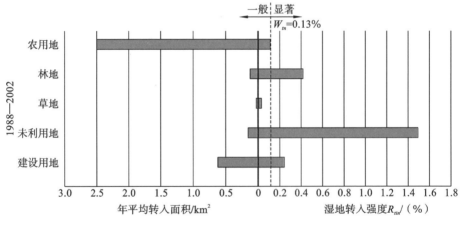

图3-13　1988—2002年湿地转入强度分析结果

图3-14左侧的结果显示，1988—2002年，湿地年平均转出为农用地、建设用地和未利用地的面积分别为1.09 km²、0.82 km²和0.21 km²。湿地转变为农用地的面积占湿地转出总量的49.77%，是最大的转出方式。然而湿地转出为农用地的强度值Q_{tmj}为0.05%，低于湿地平均转出强度值V_{tm}值0.08%，湿地转出为农用地的强度一般（图3-14右侧）。这说明农用地的规模大，同时受到的影响也更为复杂，湿地的转出对农用地的影响相对而言并不显著。该时段内湿地的转出强度显著的地类是未

利用地、林地和建设用地，Q_{tmj} 结果分别为 1.25%、0.20% 和 0.19%。这说明该时段内湿地是未利用地、林地和建设用地的重要来源，湿地向这三种地类的转出是相对显著的。

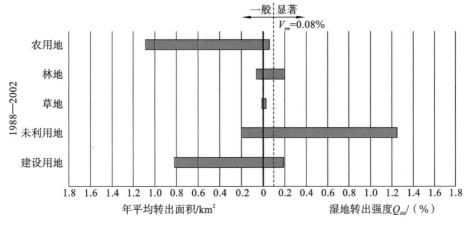

图 3-14 　1988—2002 年湿地转出强度分析结果

如图 3-15 所示，2002—2018 年新增湿地主要来源仍为农用地和建设用地，农用地年平均转入湿地的面积增加至 2.76 km²，而建设用地增加至 0.74 km²。农用地占这一时段湿地转入总量的比重减少至 71.3%，反映出相应的干扰有所减缓。同时，

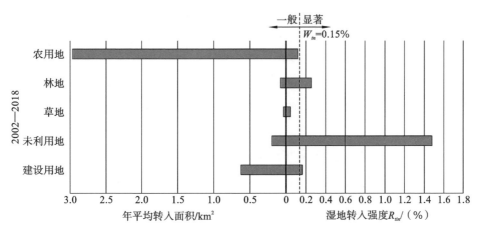

图 3-15 　2002—2018 年湿地转入强度分析结果

草地和未利用地转变为湿地的规模有显著增加，年平均转入面积为 0.04 km² 和 0.24 km²。农用地和草地转变为湿地的强度值 R_{tin} 为 0.14% 和 0.05%，低于湿地的平均转入强度 W_{tin}。未利用地、林地和建设用地转化为湿地的强度值 R_{tin} 结果分别为 1.48%、0.26% 和 0.17%，高于湿地的平均转入强度 W_{tin}。这一结果表明，在这一时段中林地、未利用地和建设用地向湿地转化的强度较 1988—2002 年有所下降。

如图 3-16 所示，2002—2018 年，湿地主要转出为农用地和建设用地，年平均转出面积分别为 1.79 km² 和 0.74 km²。转出为农用地的速度高于上一时段，而转出为建设用地的速度低于上一时段。湿地转变为农用地的面积占湿地转出总量的 62.51%，高于上一时段。这一时段湿地转出为未利用地的面积有明显下降，年平均转出面积为 0.07 km²。湿地转出为农用地的强度值 Q_{tmj} 为 0.10%，低于湿地的平均转出强度值 V_{tm} 值 0.11%（图 3-16 右侧）。湿地转出为未利用地、林地、草地和建设用地的强度值 Q_{tmj} 分别 0.33%、0.32%、0.14% 和 0.12%，结果均为显著。

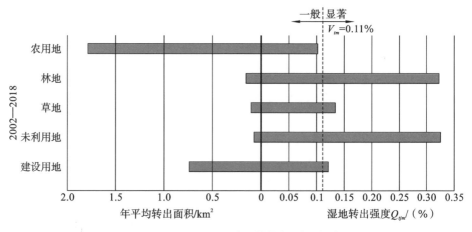

图 3-16　2002—2018 年湿地转出强度分析结果

对比两个时段湿地的强度分析结果可以发现：在时段层次，2002—2018 年淮北市的土地利用转化强度更高。在地类层次，2002—2018 年湿地的年均转入面积和年均转出面积都高于 1988—2002 年。但由于 2002—2018 年湿地转出面积快速增加，湿地的净增加面积呈下降的趋势。该层次转化强度结果显示，两个时段中湿地的转入和转出强度均呈现活跃的状态，且转入强度高于转出强度。在转变层次，两个时段中湿地和农用地的相互转化面积最大，农用地是新增湿地最大的来源，同时湿地也是新增农用地最大的来源。此外，湿地和建设用地的相互转化面积也十分显著。该层次转化强度结果显示，1988—2002年湿地的转化对未利用地、林地和建设用地的影响程度相对较大。2002—2018年湿地的转入对未利用地、林地和建设用地的影响程度相对较大，而转出则对未利用地、林地、草地和建设用地的影响程度相对较大。综上所述，1988—2018年淮北市的湿地景观具有明显的动态性，与其他地类的相互转化对淮北市土地利用的数量结构具有显著影响。

3.3.3 湿地动态转化的空间分布

1. 湿地转入斑块的分布

在完成对湿地数量变化的分析后，可利用 ArcGIS 平台提取不同时段的湿地转入和转出斑块的空间分布情况。如图 3-17 所示，在两个时段中新增湿地的斑块主要分布于南北两大煤田范围内，说明采矿活动引发的采煤沉陷湿地是淮北市 30 年来湿地面积增长的主要来源。1988—2002 年，新增湿地斑块主要集中于北部的濉萧矿区，具有连片集中分布的特征。其中，相山区、杜集区、烈山区、刘桥镇和百善镇新增湿地面积最大。南部的临涣矿区新增湿地斑块面积小，呈零星分布。这也反映出，濉萧矿区开发时间长，开采沉陷对区域土地利用的影响更为深刻。结合表 3-6 可以发现，采矿活动不仅使得农用地转化为湿地，同时也有大量的农村居住用地因地表沉陷而形成湿地，这也是黄淮东部地区煤炭资源型城市湿地景观演化的特殊性之一。除矿区外，其他地区新增湿地斑块分布更为分散，主要为农用池塘和部分人工输水渠，规模较小。

2002—2018 年，新增湿地的分布范围更广，这也表明该时段湿地的转化强度更高。这一时段中，新增湿地仍主要分布于矿区。在北部的濉萧矿区中，新增湿地斑块相对上一时段分布趋于零散，同时新增斑块面积有所下降，这与濉萧矿区部分煤矿的关停和煤矿产量下降是一致的。随着城市的扩展和人们对采煤沉陷湿地的利用，濉萧矿区内部分采煤沉陷湿地被改造为城市湿地公园，这使得湿地面积有所增加，如淮北市中湖湿地公园的建设。这也意味着人类影响湿地景观演化的方式更加复杂。

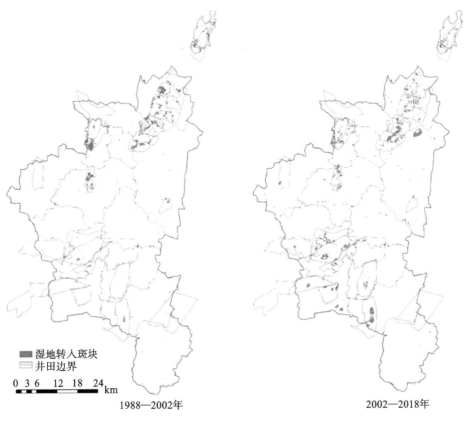

1988—2002年   2002—2018年

图 3-17 不同时段湿地转入斑块分布

在这一时段，南部临涣矿区范围内新增的湿地斑块显著增加且斑块面积较大，具有连续分布的特征。其中，韩村镇、南坪镇和五沟镇新增湿地面积最大，反映出临涣矿区成了淮北市煤炭资源开发的重点地区。除矿区外，2002—2018 年新增湿地的斑块数量和面积也有明显增加，特别是沿浍河两侧。此外，在其他地区也有零散的湿地形成。

2. 湿地转出斑块的分布

在湿地转出方面，30 年间淮北市湿地转出为其他地类的速度呈连续上升的趋势。如图 3-18 所示，1988—2002 年，淮北市减少的湿地斑块分布较为分散，大部分位于矿区范围内，其中，杜集区矿区内湿地转出斑块面积最大。杜集区内的闸河煤田是淮北市最早开发的煤矿，采煤沉陷湿地形成的历史最长，因此也是淮北地区最早进行采煤沉陷湿地改造的区域。南部的临涣矿区内湿地的转出斑块规模较小且空间分布零散。除矿区外，其他地区的湿地主要为农用池塘转出，分布相对密集的地区包括烈山区、百善镇和双堆集镇。受水文条件等因素的影响，华家湖水库面积有显著的萎缩。

2002—2018 年湿地的转出面积是 1988—2002 年的 1.49 倍。然而从图 3-18 中可以发现，这一时段湿地转出斑块的分布更集中于矿区，这反映出农业生产活动对湿地的影响降低，而复垦采煤沉陷湿地及扩展城镇建设用地成为湿地减少的主要原因。这一时段，湿地转出斑块分布较集中的地区有杜集区、相山区、烈山区、百善镇和刘桥镇。南部的临涣矿区内湿地的转出斑块有一定程度的增加，但面积较小。

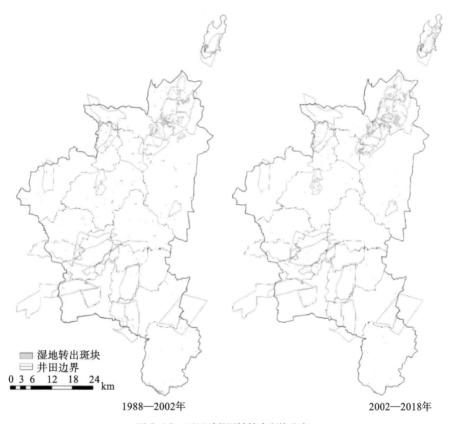

1988—2002年   2002—2018年

图 3-18 不同时段湿地转出斑块分布

通过分析湿地转入和转出斑块分布情况，我们可以更为直观地发现采矿活动是影响淮北湿地动态转化的首要因素。由于淮北北部濉萧矿区的煤炭资源濒临枯竭，临涣矿区成为淮北市煤炭资源开发的重点地区。受资源产业转移变化的影响，2002年后淮北市南部矿区成为湿地面积增加的主要地区。在湿地转出方面，北部濉萧矿区始终是湿地减少的主要地区，并且减速明显放缓。南部矿区内湿地的转出面积有一定程度的增长但始终较小，因此南部矿区内湿地的净增加面积有显著的增长。

3.4 湿地空间分布格局演化过程

30年来，在人类活动等外部干扰因素的影响下，湿地的转化不仅改变了湿地的数量结构，同时也影响着湿地的空间分布结构。本节基于淮北市土地利用分类图，可分析1988年、2002年和2018年三个时期湿地空间分布的特征和演化过程，采用的研究方法主要包括质心迁移过程分析、空间自相关分析和景观格局指数分析。

3.4.1 湿地质心迁移过程分析

1. 质心函数模型

质心是某一地理单元的几何中心，是描述研究对象空间分布变化的重要方法[132]。计算质心迁移的方向和距离能够追踪研究对象地理分布的变化，反映研究对象的整体变化趋势和动态程度。本节利用质心函数模型，计算了1988年、2002年和2018年三期淮北市湿地整体的质心迁移过程。此外，本节也分析了不同时期河流型湿地、农用池塘和采煤沉陷湿地质心的迁移过程及其与整体湿地质心迁移的关系。质心函数模型见式（3-10）。

$$\begin{cases} X_t = \sum_{i=1}^{n}(C_{ti} \times X_i) / \sum_{i=1}^{n}C_{ti} \\ Y_t = \sum_{i=1}^{n}(C_{ti} \times Y_i) / \sum_{i=1}^{n}C_{ti} \end{cases} \tag{3-10}$$

式中：X_t、Y_t——观测地类质心的经度和纬度；

C_{ti}——t 时期 i 斑块的面积;

X_i、Y_i——i 斑块质心的经度和纬度。

2. 淮北市主要湿地类型质心变化结果

如图 3-19 所示,1988 年、2002 年和 2018 年淮北市湿地质心坐标分别为 (116.76°E,33.78°N)、(116.80°E,33.84°N) 和 (116.77°E,33.81°N)。总体而言,三个年份中湿地的质心均位于淮北市市域质心 (116.74°E,33.73°N) 的北侧,表明目前淮北市湿地的空间分布并不均衡,北部湿地的总量大于南部地区。其中,1988 年湿地的质心最靠近市域质心,2002 年湿地的质心离市域质心的距离最远,2018 年湿地的质心与市域质心的距离缩短。这表明淮北市湿地的空间分布具有显著的不稳定性,2002 年淮北市北部地区湿地比重达到最大。同时也反映出 1988—2002年北部地区湿地呈聚集增长的特征。而 2018 年北部湿地的比重下降,表明 2002—2018 年西南地区的湿地有明显增加。

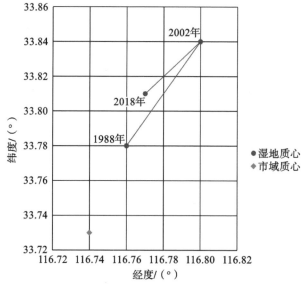

图 3-19 1988—2018 年淮北市湿地质心迁移过程

1988—2018 年,淮北市湿地质心的空间迁移方向和速度有阶段性差异。以 1988 年湿地质心为起点,30 年间淮北市湿地的质心呈东北—西南方向折线形移动。

1988—2002年，淮北市湿地质心向东北59.05°方向迁移了7.41 km，平均移动速度为0.53 km/年。以2002年湿地质心为原点，2002—2018年淮北市湿地质心向西南131.55°方向折回迁移了4.1 km，平均移动速度为0.26 km/年。这一迁移轨迹与该时段中湿地动态转化的空间分布结果（图3-17、图3-18）是一致的。1988—2002年质心的移动速度是2002—2018年的2倍有余，表明在第一时段内淮北市湿地的空间分布变化更为剧烈。结合湿地动态转化的空间分布结果可以预见，随着南部临涣矿区内采煤沉陷湿地的大规模增加和北部濉萧矿区湿地的减少，淮北市湿地的质心将继续向西南方向迁移。

图3-20显示了1988—2018年淮北市不同类型湿地的质心迁移过程。从图3-20中可以看出，采煤沉陷湿地、农用池塘的质心与湿地整体质心的迁移路径相似，均沿东北—西南方向呈折线形移动。在1988年、2002年和2018年，采煤沉陷湿地的比重分别为19.79%、30.67%和37.43%，是面积增长最快的湿地类型。结合图3-20的结果可以发现，采煤沉陷湿地的质心始终分布于市域质心和其他类型湿地质心的北部，表明采煤沉陷湿地是空间分布最不均衡的湿地类型。以1988年为起点，2002年采煤沉陷湿地的质心向东北59.05°方向迁移了8.12 km，而2018年则折回向西南

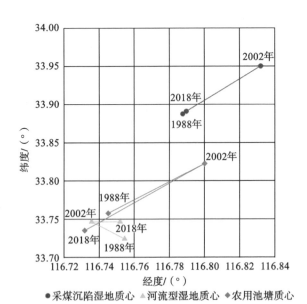

图3-20　1988—2018年淮北市不同类型湿地的质心迁移过程

121.17°方向迁移了 7.45 km。第一时段质心的平均移动速度为 0.58 km/ 年，第二时段质心的平均移动速度为 0.47 km/ 年。一方面，这一结果反映出研究期间采煤沉陷湿地的空间分布变化较大，空间结构不稳定，且第一时段变化尤为显著；另一方面，与其他湿地类型相比，采煤沉陷湿地质心的迁移路径具有明显的轴向性，反映出其消长变化具有明显的方向性。

河流型湿地是淮北市比重最大的湿地类型，但由于采煤沉陷湿地面积快速增加，河流型湿地的比重逐年下降。1988 年、2002 年和 2018 年河流型湿地的比重分别为 68.20%、65.12% 和 56.70%。在淮北市主要的湿地类型中，河流型湿地质心最为接近市域质心，表明河流型湿地的空间分布相对均衡。以 1988 年为起点，2002 年河流型湿地的质心向西北 124.04°方向迁移了 1.52 km，2018 年向东南 3.15°方向移动了 3.1 km。第一时段质心的平均移动速度为 0.11 km/ 年，第二时段质心的平均移动速度为 0.19 km/ 年。30 年间河流型湿地迁移的速度最小，这表明河流型湿地的空间格局最为稳定。河流型湿地与淮北市湿地整体质心迁移的路径相关性较小，因此河流型湿地空间分布的变化对淮北市湿地质心迁移的影响较小。

在研究期间，农用池塘的比重明显下降，1988 年、2002 年和 2018 年的比重分别为 9.92%、3.45% 和 2.73%。同时 30 年间农用池塘的质心在研究期间迁移距离最大。以 1988 年为起点，2002 年农用池塘的质心向东北 54.59°方向迁移了 8.84 km，平均移动速度为 0.63 km/ 年。2018 年向西南 123.27°方向移动了 11.57 km，平均移动速度为 0.72 km/ 年，表明农用池塘的空间分布最不稳定。除了 2002 年，1988 年和 2018 年农用池塘的质心较为接近市域质心，因此农用池塘在市域内的分布较为均衡。

3.4.2　湿地空间自相关分析

1. 空间自相关分析原理

依据地理学"第一定律"，地理事物或属性在空间分布上互为相关，存在集聚、分散和随机的分布状态，且相关性随着距离的增加而减小 [133]。空间自相关分析是用于描述一个空间变量在不同地理单元上的统计相关性，并将变量的空间聚集区和异常区可视化，从而有助于观察变量的时空集聚与演变规律 [134]。当邻近的地理单元的变量值具有相似的趋势和取值时，即为空间正相关，这一变量在空间上具有扩散的特征。当邻近的地理单元的变量值具有相反的趋势和取值时，即为空间负相关，这一变量在空间上具有极化的特征。当邻近的地理单元的变量值无显著关系时，则为随机分布[135]。空间自相关分析包括全局自相关分析和局部自相关分析。依据土地利用的特征，可将淮北市域划分为 1.5 km×1.5 km 的 1343 个网格[136]，并将各网格中湿地面积的比重作为空间变量。在此基础上，采用了 Moran's I 指数和 LISA 指数度量不同时期淮北市湿地的全局自相关性和局部自相关性。

Moran's I 用于反映整体区域层面上相邻地理单元空间变量的相似程度，计算结果取值为 −1～1。正值为正相关，表示湿地的空间格局有聚集的特征。负值为负相关，表示湿地的空间格局有分散的特征。若计算值趋近于 0，则代表湿地的空间格局接近于随机分布[137]。本节计算了 1988 年、2002 年和 2018 年湿地的 Moran's I［式（3-11）］，这些数值可用于反映湿地空间聚类特征的变化趋势。

$$\text{Moran's } I = \frac{n\sum_{i=1}^{n}\sum_{j=1}^{n}w_{ij}\left(x_i-\bar{x}\right)\left(x_j-\bar{x}\right)}{\left(\sum_{i=1}^{n}\sum_{j=1}^{n}w_{ij}\right)\sum_{i=1}^{n}\left(x_i-\bar{x}\right)^2} \tag{3-11}$$

式中：n——网格数量；

　　x_i、x_j——观测单元 i、j 的空间变量值；

　　$\bar{x}$——所有观测单元空间变量的平均值；

　　w_{ij}——空间权重，表示研究范围中 i 单元和 j 单元的邻近关系。

Moran's I 计算采用了基于邻接关系（k-nearest neighbor）的空间权重矩阵[138]。Moran's I 的计算结果采用标准化统计量 z 检验，当 $|z| \geqslant 1.96$ 时，表示通过 $p \leqslant 0.05$ 的显著性检验，即在 95% 的概率下存在空间自相关。

局部空间自相关能够反映局部区域层面上地理单元变量值与周边单元变量值的相关性，研究采用 LISA 指数度量。LISA 是将全局 Moran's I 分解到局部空间［式（3-12）］，从而能够在图中显示聚集或异常发生的具体空间位置[139]。根据显著性 z 值的大小，局部空间的自相关性可以分为五类。在显著水平 $p \leqslant 0.05$，$z > 1.96$ 的情况下，若该单元与其邻近单元的湿地率高于平均值，则为高-高聚集区（high-high）；

而若该单元与其邻近单元的湿地率低于平均值，则为低 - 低聚集区（low-high）。在 $z < 1.96$，湿地分布为负相关的情况下，若高湿地率被低湿地率包围，则为高 - 低聚集区（high-low）；若低湿地率被高湿地率包围，则为低 - 高聚集区（low-high）。当 z 趋近于 0 时，表示无显著相关性（no significant）[140]。依据计算结果生成了淮北市湿地的空间聚类图。

$$I_i = \frac{(x_i - \overline{x})}{s^2} \sum_{j \neq 1}^{n} \Big[w_{ij} \big(x_j - \overline{x} \big) \Big], (i \neq j) \tag{3-12}$$

式中：S^2——x_i 的离方差，其他符号同式（3-11）。

LISA 计算也采用了基于邻接关系（k-nearest neighbor）的空间权重矩阵。

2. 全局自相关分析结果

地形、气候等自然因素，以及城镇化、采矿活动等人为因素，都是影响湿地空间自相关性的原因。本章依据式（3-11）分别计算了 1988 年、2002 年和 2018 年淮北市湿地的 Moran's I 指数和检验指数 z（表 3-7）。所有年份的 Moran's I 均为正值且显著性水平都小于 0.05，表明淮北市湿地的空间分布不是随机的，而是具有一定的正相关性，呈聚集分布的现象，即高湿地率的网格单元和高湿地率的网格单元相邻，而低湿地率的网格单元和低湿地率的网格单元相邻。这反映出淮北市湿地规模在空间上具有扩散增长的特征。同时，1988—2002 年湿地的正相关性呈连续上升的趋势，表明目前湿地在动态演化过程中，其空间分布的聚集程度在不断提高。

表 3-7　湿地全局自相关 Moran's I 指数和检验指数 z 计算结果

指数	1988 年	2002 年	2018 年
Moran's I	0.34	0.42	0.45
z 值	18.13	22.06	23.84

3. 局部自相关分析结果

本章依据式（3-12）计算了 1988 年、2002 年和 2018 年淮北市湿地局部空间自相关的结果并生成了局部自相关聚类图（图 3-21）。图中红色部分代表湿地空间分布的高-高聚集区（热点），而蓝色部分代表湿地空间分布的低-低聚集区（冷点）。1988—2018 年，淮北市湿地的高-高聚集区呈现先增加后减少的变化过程，低-低聚

集区在 1988 年和 2002 年变化不大，但在 2018 年有所增加。在空间分布方面，在
1988 年和 2002 年，高 - 高聚集区主要分布于淮北市北部的濉萧矿区范围内，说明采
煤沉陷湿地具有显著的正相关性。1988—2002 年，北部的高 - 高聚集区具有显著的
扩散增长的变化，原有的两个聚集区连为一体。刘桥镇和百善镇内的高 - 高聚集区也
有明显的扩大。在 2018 年，北部的高 - 高聚集区贯穿成一片但面积明显减少。同时
在淮北市南部的韩村镇、南坪镇，有新的高 - 高聚集区形成。这一空间分布特征表明，
采矿活动是影响湿地局部空间聚集性的重要因素。

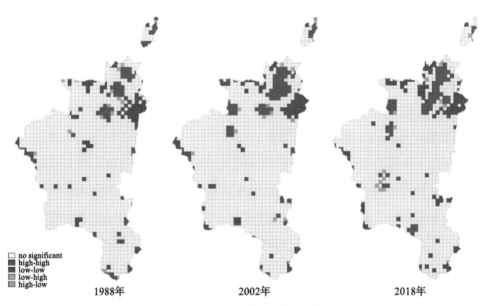

图 3-21   1988—2018 年淮北市湿地局部自相关聚类图

　　相对于高 - 高聚集区，淮北市湿地的低 - 低聚集区空间分布更为分散。在 1988 年、
2002 年和 2018 年，低 - 低聚集区主要分布于淮北市东部的丘陵地区。受地形因素的
影响，除人工水库外，丘陵地区无其他类型湿地，因此形成了最大的低湿地率聚集区。
此外，1988—2018 年明显扩大的低 - 低聚集区为淮北市中心城区，建设用地在 30 年
间的扩张，导致局部地区的湿地大量减少。其他的低 - 低聚集区面积较小且分散，主
要位于河间地区。受人类活动的影响，面积较小的低 - 低聚集区空间分布极不稳定。
低 - 高聚集区面积较小，主要分布于高 - 高聚集区的周边，随着新增湿地的出现，有
较高的概率转化为高 - 高聚集区。

3.4.3 湿地景观格局指数分析

1. 景观格局指数的选择

随着景观生态学的发展，目前已经出现了众多的景观格局指数，这些指数为分析景观格局和生态过程的相互作用关系提供了重要的基础。但不少景观格局指数并无明确的生态学意义，因此必须结合研究目的和研究对象的特征，有针对性地选择景观格局指数。景观格局指数选取的原则如下。

①科学性。选取的景观格局指数必须具有充分的生态学意义，能够科学地揭示湿地景观演化产生的生态效应。

②针对性。本节以湿地为研究对象，选取的指数必须能够反映湿地斑块、廊道及整体湿地景观的空间分布特征，因此本节主要选取了类型水平景观格局指数。

③可比性。景观格局指数能够对不同时期的计算结果进行对比，以反映湿地景观的变化趋势。

④数据的可获取性。

基于上述原则，参考国内外对湿地景观演化研究的相关成果，可从以下 4 个方面选取景观格局指数。

①度量景观形状的指数，包括斑块边缘密度指数 ED、周长 - 面积分维数指数 PAFRAC 和最大斑块指数 LPI[141]。

②度量景观破碎化程度的破碎化指数 PD。

③度量景观连通性的指数，包括斑块内聚力指数 COHESION、连接度指数 CONNECT。

④度量景观聚集程度的聚合度指数 AI。

各景观格局指数的函数模型及含义见表 3-8[142]。

2. 淮北市湿地景观格局指数变化的结果

景观形状变化是湿地演化的重要特征，ED、PAFRAC 和 LPI 等指数的计算结果见表 3-9。ED 能够反映异质景观要素斑块间的边缘复杂程度，斑块边缘越复杂，说明斑块的稳定性越差。依据 ED 的函数模型计算可得，1988 年、2002 年和 2018 年淮北市湿地的边缘密度指数分别为 19.4301、19.4921 和 19.9092。30 年间，在类型

表 3-8 各景观格局指数的函数模型及含义

景观格局指数	函数模型	符号意义	指数含义
边缘密度指数 ED	$\mathrm{ED}=\left(\sum_{k=1}^{m}e_{ik}\right)/A\times1000$	e_{ik} 为 i 地类中 k 斑块的边缘长度, A 为研究范围的总面积, $\mathrm{ED}\geq0$	ED 表示 i 地类单位面积的边缘长度, 单位为 m/hm²; ED 反映了 i 地类边缘的复杂程度, 能够表征景观的稳定程度
周长-面积分维数指数 PAFRAC	$\mathrm{PAFRAC}=\dfrac{\left[n_{i}\sum\limits_{j=1}^{n}(\ln p_{ij}\cdot\ln a_{ij})\right]-\left[\left(\sum\limits_{j=1}^{n}\ln p_{ij}\right)\left(\sum\limits_{j=1}^{n}\ln a_{ij}\right)\right]}{\left(n_{i}\sum\limits_{j=1}^{n}\ln p_{ij}^{2}\right)-\left(\sum\limits_{j=1}^{n}\ln p_{ij}\right)^{2}}$	p_{ij} 为 i 地类中 j 斑块的周长, a_{ij} 为 i 地类中 j 斑块的面积, n_i 为 i 地类的斑块数量, $1\leq\mathrm{PAFRAC}\leq2$	PAFRAC 表示 i 地类的形状复杂程度, 结果接近 1 表示该景观形状简单, 受到外部干扰的强度小; 而接近 2 则表示该景观类型的形状复杂, 受到外部干扰的强度大
最大斑块指数 LPI	$\mathrm{LPI}=\dfrac{\max a_{ij}}{A}\times100$	$\max a_{ij}$ 为 i 地类中最大斑块面积, A 为研究范围的总面积, $0\leq\mathrm{LPI}\leq100$	LPI 表示 i 地类中最大斑块占整个景观的比重, LPI 值越接近于 0 表示 i 地类景观中最大斑块的面积越小
破碎化指数 PD	$\mathrm{PD}=N_i/A_i$	N_i 为 i 地类斑块数量, A_i 为 i 地类斑块面积	PD 能够反映 i 地类的破碎化程度, 破碎化程度影响着物种的生存, 扩散和迁移等生态过程
斑块内聚力指数 COHESION	$\mathrm{COHESION}=\left[1-\dfrac{\sum\limits_{j=1}^{n}p_{ij}}{\sum\limits_{j=1}^{n}p_{ij}\sqrt{a_{ij}}}\times\left[1-\dfrac{1}{\sqrt{A}}\right]^{-1}\right]\times100$	p_{ij} 为 i 地类中 j 斑块的周长, a_{ij} 为 i 地类中 j 斑块的面积, A 为景观中的栅格总数, $0\leq\mathrm{COHESION}\leq100$	COHESION 用于反映相关景观类型斑块的自然连通性, 其值越低表示斑块的比例越小, 同时斑块越细化, 连通性越低
连接度指数 CONNECT	$\mathrm{CONNECT}=\dfrac{\sum\limits_{j\neq k}^{n}c_{ijk}}{n_i(n_i-1)/2}\times100$	C_{ijk} 为在指定的临界距离内, 与 i 地类相关的斑块 j 和 k 的连接状况, n_i 为 i 地类的斑块数量, $0\leq\mathrm{CONNECT}\leq100$	CONNECT 值越大表示 i 地类的斑块之间连通性越强, 当每个斑块都相互连接时, CONNECT 值为 100
聚合度指数 AI	$\mathrm{AI}=\left[\sum\limits_{i=1}^{m}\left(\dfrac{g_{ii}}{\max g_{ii}}\right)p_i\right]\times100$	g_{ii} 为基于单倍法的 i 地像元之间的节点数, $\max g_{ii}$ 为最大节点数, p_i 为 i 地类面积的比重, $0\leq\mathrm{AI}\leq100$	AI 表示不同景观类型的斑块相邻出现的概率; AI 值越大, i 地类的聚集程度也越大; 当 i 地类景观的聚集度最大时, AI 为 100

水平尺度上湿地的 ED 呈持续增加的趋势，其中 2002—2018 年明显增加。湿地景观边缘密度的增加表明在外部因素的干扰下，湿地的边缘趋于复杂化。这反映出淮北市湿地斑块的稳定性不断降低[143]。PAFRAC 能够表征斑块形状的复杂程度，研究表明在人为干扰的影响下，斑块的形状趋于简单。依据 PAFRAC 的函数模型计算可得，1988 年、2002 年和 2018 年淮北市湿地的周长 - 面积分维数指数分别为 1.6167、1.6020和 1.5169。这一结果表明在景观类型水平上淮北市湿地的形状的复杂性呈持续下降的趋势，反映出人为干扰对湿地景观的影响在逐步加深。优势度用于描述景观是否被少数几个主要生态系统控制，LPI 是对优势度的简单度量。依据 LPI 的函数模型计算可得，1988 年、2002 年和 2018 年淮北市湿地的最大斑块指数分别为 3.0438、3.5632 和 3.8844，表明湿地具有显著的优势度且呈增加的趋势。这反映出随着湿地规模的增加，湿地对区域景观格局的支配作用在增强。

表 3-9　湿地景观格局指数计算结果

景观格局指数	1988 年	2002 年	2018 年
ED	19.4301	19.4921	19.9092
PAFRAC	1.6167	1.6020	1.5169
LPI	3.0438	3.5632	3.8844
PD	9.7041	10.9380	12.3011
COHESION	99.7102	99.7387	99.7571
CONNECT	1.2718	3.2268	2.7866
AI	74.3627	77.2686	79.3845

景观破碎化是指随着斑块的数量增加而面积减少，斑块的内部生境面积缩小。生境的破碎化对生态资源的保护有重要的影响，关系着区域生态系统功能的变化。研究采用了类型水平的破碎度指数 PD 表征湿地景观破碎化程度。依据 PD 的函数模型计算可得，1988 年、2002 年和 2018 年淮北市湿地的破碎化指数分别为 9.7041、10.9380 和 12.3011。1988—2002 年 PD 有一定程度的增加，2002—2018 年 PD 有显著的增加，这表明淮北市湿地的破碎化程度呈加剧的趋势。

景观连通性关系着生态过程中物质、能量和信息在空间中的流通，影响着景观要素的生态过程[144]。连通性包含功能连通性和结构连通性两个方面。功能连通性是指尽管景观斑块呈自然有序的间隔分布，但仍能够为鸟类的迁移等提供必要的生态服务。结构连通性是指斑块之间在空间上连通为一个整体，对种植物种子的扩散等生态过程具有重要影响。本章采用了类型水平的斑块内聚力指数 COHESION 度量湿地的功能连通性，同时采用连接度指数 CONNECT 度量湿地的结构连通性。COHESION 是从物种在景观中扩散的角度来度量景观的功能连通性程度的。依据 COHESION 的函数模型计算可得，1988 年、2002 年和 2018 年淮北市湿地的斑块内聚力指数为 99.7102、99.7387 和 99.7571，与其他地类相比，湿地的 COHESION 最高，表明淮北市湿地有良好的功能连通性。CONNECT 用于度量各个斑块之间的连接程度。1988 年、2002 年和 2018 年淮北市湿地的连接度指数分别为 1.2718、3.2268 和 2.7866。30 年间淮北市湿地的结构连通性整体呈上升趋势，但在 2018 年有明显降低。

景观聚集程度是描述景观质地的重要方面，某一景观类型的斑块聚集程度对生态过程的速率有显著的影响。本章采用了聚合度指数 AI 量化湿地景观的聚集度。1988 年、2002 年和 2018 年淮北市湿地的聚合度指数分别为 74.3627、77.2686 和 79.3845，结果表明淮北市湿地具有一定的聚集性，并在 1988—2018 年持续增加。

淮北市湿地景观演化驱动力分析

前文分析了淮北市湿地的动态转化过程与空间分布特征。驱动力分析能够解释人类活动与湿地景观演化之间的关系，为科学修复湿地生态系统、保护湿地环境和开发湿地资源提供依据。本章的主要研究目的在于揭示影响黄淮东部地区煤炭资源型城市湿地景观演化的驱动机理。驱动力分析是问题导向型的研究，而淮北市属于以煤炭资源开发利用为主导产业的特殊城市类型，在这类城市中，人类活动对湿地景观演化的作用方式和产生的环境问题也较为特殊。驱动机理的研究内容包括对主导驱动因子的识别及其作用强度的分析。本章依据黄淮东部地区煤炭资源型城市的特征，建立了包括自然因素、经济 - 社会因素、政策因素和区位因素在内的驱动因子指标体系，随后采用 Logistic 回归模型对各驱动因子与湿地景观演化的关系进行了量化分析。

4.1　湿地景观演化驱动因子的选取与处理

驱动因子是驱动力系统的基本组成，是引发区域土地利用方式和功能变化的基本要素。结合研究问题选取驱动因子和建立驱动因子指标体系，是研究景观演化驱动力的基础。驱动因子可根据其来源分为自然因素和人为因素两大类，其中人为因素包含经济、社会、政策、科技和文化等子类。依据科学性、代表性、可量化性和可获取性的原则，同时结合黄淮东部地区煤炭资源型城市的自然环境与经济 - 社会发展特征，本章比较分析了 12 项影响湿地景观演化的驱动因子[145] 和 5 项影响其他地类演化的驱动因子。

4.1.1　影响湿地景观演化的驱动因子

1. 自然因素

自然因素是指影响湿地景观演化的自然环境因素[146]。自然环境是决定湿地空间分布和影响湿地景观演化的基本条件，包括气候、地形、水文等多个方面。相对于人为因素，自然因素对湿地景观演化的影响往往体现在更大的时空尺度上，具有累积效应，其影响的结果通常更为广泛且深远。而在特定的时空尺度中，自然因素的状态相对稳定或呈有规律的波动，如土壤、地貌和年降水量等，对湿地生态系统的影响主要体现在地域差异上。此外，自然因素中还包括诸如地质灾害、气候变化、火灾和洪涝等自然灾害因子。为分析 1988—2018 年黄淮东部地区煤炭资源型城市中湿地景观演化的过程，本章不考虑自然灾害因子导致的突发性变化，而是结合湿地生态系统的特征，从气候、地形和水文三个方面来比较自然因素。

1）气候方面

相对于其他地类，湿地对气候的变化更为敏感。气温、降雨量、蒸发量等因子与湿地的水文过程、植被生长都有着紧密的联系。气候变化是自然因素中相对活跃的因素，是控制湿地消长变化的重要原因[147]。同时气候因素对湿地景观演化的作用机制十分复杂，涉及多种指标。结合相关研究成果，本章选取了降雨量和气温两项指标[148]。

（1）降雨量。

大气降水是湿地水分的主要来源之一，包括水面降雨的直接补给方式和通过地表产 - 汇流过程进入湿地的间接补给方式。降雨量的地域差异、年际差异与湿地的动态变化过程密切相关，同时又受到地形、地貌以及地表覆盖情况对降雨再分配的影响。1988—2018 年，淮北市的降雨量为 596.52 ～ 1316.36 mm，多年平均降雨量为858.93 mm（图 4-1）。整体上，淮北市年降雨量呈略微上升的趋势。多年平均降雨量等值线的结果显示在市域范围内，降雨量呈自东南向西北递减的梯度变化，降雨量为870 ～ 950 mm。东南部降雨量的最大值与西北部降雨量的最小值相差约 80 mm。

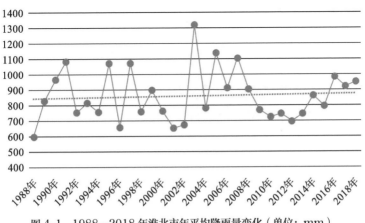

图 4-1　1988—2018 年淮北市年平均降雨量变化（单位：mm）

（2）气温。

气温对湿地的影响主要是对水文和植被的作用。气温上升会增加湿地水分蒸发量，从而造成湿地水位的下降。黄淮东部地区地处我国华北平原，在一些城市中年蒸发量甚至高于降雨量，对于缺少其他水系汇入的封闭型湿地有着显著的影响。30年间淮北市的多年平均温度为 15.42 ℃（图 4-2）。整体上，淮北市的年平均温度呈上升趋势，其中年平均温度最高的为 2017 年的 16.1 ℃，而最低的为 2000 年的14.34 ℃。依据多年平均气温的计算结果，淮北市气温呈由南向北递减的梯度变化，南部温度的最大值与北部温度的最小值相差约 0.6 ℃。

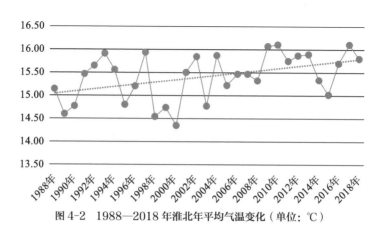

图 4-2　1988—2018 年淮北年平均气温变化（单位：℃）

本章基于全国逐年年平均气温空间插值数据集和全国逐年年降雨量空间插值数据集，绘制了淮北市的多年平均温度空间分布图（图 4-3）和多年平均降雨量空间分布图（图 4-4）。

2）地形方面

地形条件是决定湿地空间分布的重要原因[149]，主要包括高程、坡度、坡向等指标。地形特征决定着地表径流的汇流过程乃至浅层地下水的分布状况，从而影响着湿地的水文循环过程。地形因素是较为稳定的自然因素，通常只有在地质构造运动、风力侵蚀以及河流冲积等漫长的自然作用力下才会发生显著变化。然而，黄淮东部地区煤炭资源型城市由于受到大规模矿产资源开发的影响，局部地区发生剧烈的地表沉陷并引起地表景观的变化。因此，本章选择高程作为湿地景观演化的驱动因子。

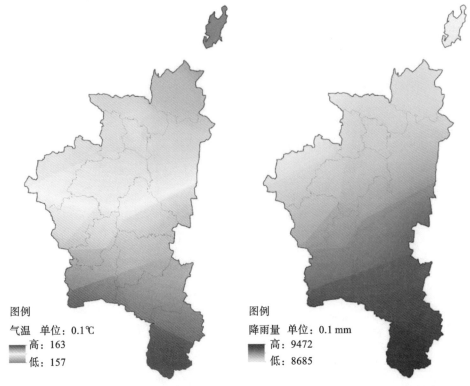

图例
气温 单位：0.1℃
高: 163
低: 157

图例
降雨量 单位: 0.1 mm
高: 9472
低: 8685

图 4-3 淮北市多年平均温度空间分布图　　　　图 4-4 淮北市多年平均降雨量空间分布图

　　本章基于 DEM 数据提取了淮北市市域范围内的高程变化情况，进而结合 2015
年淮北市开采沉陷范围的监测结果，对矿区范围内的高程数据进行修正（图 4-5）。
与湿地转化情况（图 3-17、图 3-18）的叠加结果显示：淮北市市域内海拔高度低于
15 m 的地区占 1.62%，位于南部的双堆集镇，分布有少量的河流。淮北市 88.1% 的
地区海拔为 15 ～ 30 m，也是湿地资源分布较为集中的地区。这一高程区间内，2018
年湿地面积为 145.96 km^2，其中 35.68% 为新增湿地，而湿地的损失率为 19.08%。
海拔高度为 30 ～ 45 m 的地区主要分布于丘陵的边缘缓冲地带，面积占市域的 6.17%。
这一高程区间内，2018 年湿地面积为 12.96 km^2。30 年间湿地的新增率和损失率分
别为 27.43% 和 22.89%。海拔高度大于 45 m 的地区仅占市域面积的 4.11%，是人工
水库的主要分布地区，仅占湿地总量的 1.33%。总体而言，海拔越低的地区湿地的
分布越密集且转化概率越高。

图 4-5 淮北市高程变化

图例
高程 单位：m
高：350
低：8

3）水文方面

地下水补给是湿地水资源的重要来源，地下水具有调节湿地季节性差异的重要作用。在丰水期，湿地水资源通过下渗作用进入土壤。进入枯水期后，随着湿地地表水水位的下降，水力梯度相反，则地下水渗出补给地表水，从而调节湿地的水文循环。因而，地下水埋深对维持湿地的最低生态水位具有重要意义。此外，地下水埋深还制约着降雨的下渗和渗出，从而影响着湿地的蓄水能力。在矿区，地表发生沉陷后，当浅层地下水埋深小于最大沉陷深度时，地下水渗出形成地表水，同时降雨和径流的下渗作用减小，湿地水位稳定。当地下水埋深大于沉陷深度时，降水和径流汇入湿地后下渗作用强烈，则湿地水位偏低。因此，地下水埋深的差异是影响湿地景观演化的一个重要水文驱动因子[150]。

地下水埋深是地面与浅层地下水水位之间的高程差。对多年地下水监测数据的平均结果[151]进行空间插值，可得到淮北地下水埋深的空间分布情况（图4-6）。与湿地转化情况的叠加结果显示：淮北市市域内地下水埋深由东向西逐步增加，埋深最高值为 3.2 m，埋深最低值为 2.3 m。地下水埋深为 2.3～2.6 m 的地区占市域面积的 41%。同时，该地区湿地与其他地类的转化程度也最高，湿地的新增率和损失率分别达 47.32% 和 54.49%。市域内 46% 的地区地下水埋深为 2.6～2.9 m，其中 2018 年湿地面积为 69.89 km²。该地区湿地也有显著的转化，湿地的新增率和损失率分别为 42.23% 和 42.65%。地下水埋深超过 2.9 m 的地区占淮北市域的 13%，其中湿地面积达 19.72 km²，主要分布于临涣镇和韩村镇。该地区湿地的转化程度较低，湿地新增率和损失率分别为 10.44% 和 2.87%。整体上，湿地的转化率随地下水埋深的增加而减小，但淮北市大部分地区地下水埋深变化不大，因此这一差异并不十分明显。

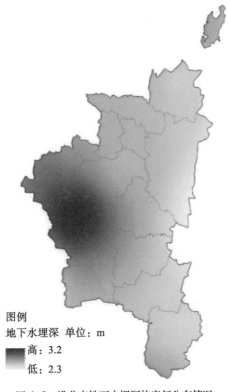

图例
地下水埋深 单位：m
高：3.2
低：2.3

图 4-6　淮北市地下水埋深的空间分布情况

2. 经济 - 社会因素

相对于自然因素，人为因素对湿地景观演化的影响主要体现在相对小的时空尺度中。大量研究表明，人为因素已经成为影响湿地景观格局变化的主要因素，这在以矿产资源开发为支柱产业的资源型城市中尤为显著。因此，本章综合已有的湿地景观演化驱动力研究成果和资源型城市对湿地干扰的特征，选择 4 项经济 - 社会指标进行湿地景观演化驱动力的分析。

1）地区经济总产值

地区经济总产值是一个地区经济发展水平的综合体现，有显著的地区性差异。经济总产值高的地区城镇基础设施建设的投入水平高，湿地的人工化程度更高。湿地受到严格的规划管理。经济总产值低的地区，湿地的人工化程度较低，受自然条件和农业生产的影响程度较大。

中国 GDP 空间分布公里网格数据集[152]反映了淮北市多年经济总产值的平均值（图4-7）。GDP 空间分布公里网格数据集是依据县区经济统计数据，并综合了土地利用类型、夜间灯光亮度、居民点密度数据与 GDP 的空间关系建立的每平方千米经济总产值，单位为元 /km²。与湿地转化情况的叠加结果显示：淮北市城乡之间的经济发展差异十分显著，经济总产值低于 0.5 万元 / km² 的地区占市域面积的 92.45%，其中 2018 年湿地面积达 136.68 km²。湿地与其他地类的转化也主要分布于这一地区内，湿地的新增率和损失率分别为 31.73% 和 13.27%。6.2% 的地区的经济总产值为 0.5 万～ 1 万元 /km²，1.35% 的地区经济总产值超过 1 万元 /km²，其中 2018 年湿地面积分别为 25.76 km² 和 0.78 km²。两个地区湿地的新增率分别为 55.76% 和 12.23%，损失率分别为 46.66% 和 67.72%。通过对比上述结果可以发现，地区经济总产值高的地区湿地向其他地类转化的概率较高。

2）农田生产潜力

农业生产对湿地景观演化的影响具有波及范围广、持续时间长且波动性强的特点。淮北市是一座以平原为主的城市，农用地是最大的土地利用类型，除城市人工景观湿地外，其他各湿地类型都不同程度地受到农业生产的影响。农业生产对湿地景观演化的影响包括以下两种方式。一种为土地复垦。如表 3-6 淮北市土地利用转化情况所示，30 年间土地复垦是湿地减少的主要方式，其中既包括对自然湿地的

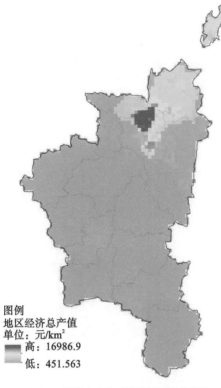

图例
地区经济总产值
单位：元/km²
高：16986.9
低：451.563

图 4-7　淮北市多年平均地区经济总产值

侵占，也包括对采煤沉陷湿地以及农用池塘的复垦。另一种为因农用池塘和水库建设新增的湿地，主要由农用地转化而成。

　　本章采用农田生产潜力数据[153]分析了农业生产与湿地景观演化的关系，并计算了其多年的平均值（图 4-8）。该数据集合了耕地分布、土壤、高程和农作物生长情况等信息计算每公顷粮食产量，单位为 kg/hm²，能够综合反映研究期间农田生产水平的空间差异。与湿地转化情况的叠加结果显示：淮北市市域内农田生产潜力低于 3000 kg/hm² 的地区占市域的 9.6%，主要为城乡建成区、丘陵地区和开采沉陷区，分布有 21.95 km² 的湿地，其中新增湿地面积占 46.32%，同时 30 年间湿地损失率达 46.44%，是湿地减少最显著的地区。10.3% 的地区中农田生产潜力为 3000 ～ 6000 kg/hm²，其中分布有湿地 27.79 km²，其中将近 50% 为新增部分。这一地区湿地的损失也十分明显，损失率达 31.3%。农田生产潜力为 6000 ～ 9000 kg/hm² 的地区面积最大，占市域的 56%。其中 2018 年湿地面积为 83.93 km²，占湿地总量的 50.9%。研究期间湿地的新增率和损失率分别为 31.76% 和 10.67%。农田生产潜力高于 9000 kg/hm² 的地区占市域的 24.1%，2018 年湿地面积达 29.55 km²，而湿地的转化程度最低，新增率和损失率分别为 24.24% 和 8.62%。整体而言，受采矿活动和土地复垦的影响，农田生产潜力较低的地区湿地的转化概率较高。

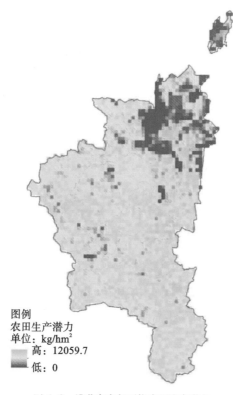

图例
农田生产潜力
单位：kg/hm²
高：12059.7
低：0

图 4-8　淮北市多年平均农田生产潜力

3）原煤产量

在以淮北市为代表的黄淮东部地区煤炭资源型城市中，煤炭资源的开发是造成包括湿地在内的土地利用演化的重要驱动力。在淮北市，地下煤炭资源的开发对区域内湿地景观最大的影响是形成了大规模连片的采煤沉陷湿地。采煤沉陷湿地是增长最为显著的湿地类型。除此之外，地表沉陷还导致了地表原有河流河道的破坏，改变了区域水系的汇流格局。同时，为了疏排采矿过程中产生的地下水，部分采煤沉陷湿地建有人工排水渠，也改变了局部地区的水系结构和径流量。在同一井田范围内，地质环境相似，原煤产量越高，地表沉陷的速度就越快，对湿地景观演化的影响也就越大。

本章计算了淮北市 30 座大中型矿山自 1988 年以来的年平均原煤产量（建成时间较晚的煤矿按投产时间起算），并在 ArcGIS 平台中采用核密度分析工具生成淮北市年平均原煤产量密度分布图（图 4-9）。与湿地转化情况的叠加结果显示：淮北市市域内 62.42% 地区密度值低于 0.01，其中 2018 年湿地面积为 68.60 km^2，占湿地总量的 41.8%。然而这一地区湿地的转化相对稳定，研究期间湿地的增长率和损失率分别为 13.12% 和 28.46%。密度值为 0.01 ～ 0.02 的地区占市域的 28.39%，其中 2018 年湿地面积为 58.86 km^2。这一地区湿地转化活跃，湿地的增长率和损失率分别为 47.77% 和 35.12%。密度值大于 0.02 万吨的地区分布于濉萧矿区和临涣矿区内，

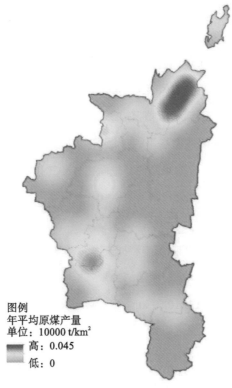

图例
年平均原煤产量
单位：10000 t/km^2
高：0.045
低：0

图 4-9　淮北市年平均原煤产量密度分布图

面积占市域的 9.2%。该地区湿地面积为 35.76 km^2，同时湿地的转化也十分显著，30 年间的增长率和损失率分别为 39.11% 和 36.42%。整体上，湿地的转化概率随着年平均原煤产量的增加而递增。

4）城镇化率

从土地利用转移矩阵的结果可以发现，城镇化是导致淮北市整体土地利用构成变化的一个重要原因。城镇化既是人口的城镇化过程，也是建设用地不断扩展的过程。城镇化对湿地的影响主要体现在以下几个方面。

①建设用地的扩展导致局部地区湿地缩减、湿地类型单一化和湿地景观格局变化。大量的研究案例表明，城镇建设用地的侵占是造成湿地减少、湿地景观破碎化的重要原因[154]。在这一过程中，不同湿地类型受到的影响程度不同，水库、永久性河流减少不多，而农用池塘、湖泊洼地则有显著减少。

②湿地生态功能的单一化。湿地为城市提供了多种生态服务功能，对城市而言较为重要的是水源涵养和雨洪调蓄功能。为了利用湿地某一方面的生态功能，在城镇化过程中，人们对自然湿地进行大规模的改造，使得城市周边湿地的人工化程度加深，造成湿地生态功能的单一化。

③城镇化提高了流域性生态风险发生的概率。建设用地的扩展直接导致了局部地区不透水区的增加，改变了流域内径流形成的条件，并造成流域水文的变化[155]。

城镇化率是衡量城镇化发展水平的常用指标。本章计算了淮北市区以及濉溪县各镇多年的户籍人口城镇化率的平均值，进而在 ArcGIS 平台中通过核密度分析，生成了淮北市平均城镇化率密度分布图（图 4-10）。与湿地转化情况的叠加结果显示：市域内 91.96% 的地区密度值小于 0.5，其中 2018 年湿地面积达 140.28 km^2，占湿地总量的 86%。然而该地区湿地的新增率和损失率为 33.20% 和 13.56%。密度值为 0.5～1 的地区主要分布于淮北中心城区的城郊结合带，呈环状特征，占市域面积的 3.67%。2018 年这一地区的湿地面积为 10.69 km^2。在湿地转化方面，受城市扩展的影响，30 年间该地区湿地呈净减少的变化趋势，湿地的新增率和损失率为 34.26% 和 41.25%。密度值高于 1 的地区占市域的 4.38%，分布于相山区、杜集区和濉溪县内，2018 年湿地面积为 12.25 km^2。但湿地的转化十分活跃，湿地的新增率和损失率为 39.63% 和 53.51%。整体上，城镇化程度较高的地区湿地向其他地类的转化概率更高。

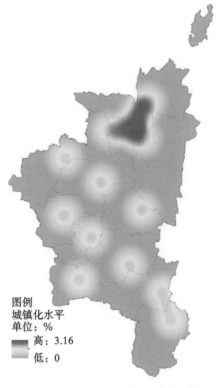

图例
城镇化水平
单位：%
高：3.16
低：0

图 4-10　淮北市平均城镇化率密度分布图

3. 政策因素

完善的管理制度是保障湿地景观得到有效保护和开发利用的重要基础。近年来，我国对于湿地保护的相关法规不断完善，为控制湿地资源的开发提供了重要的政策基础，政策因素也成了影响湿地景观演化的重要因素。本章依据是否包含城市重要湿地的原则，选取了湿地保护范围和生态空间管制范围两项因子作为影响湿地景观演化的政策因素。

1）湿地保护范围

城市蓝线是指城市规划中划定的地表水体保护和控制的地域界线[156]。自 2006年城市蓝线规划实施以来，其为快速城镇化地区湿地景观的保护提供了重要的制度保障。本章叠加了 2006 年和 2016 年实施的淮北市总体规划中城市蓝线控制的范围，其中包含城市中主要河流水系以及重要的湖泊水库，如南湖湿地公园、东湖湿地公园、华家湖水库等。至 2016 年，城市蓝线的控制范围涉及淮北市市区范围内 13

条重要河流、5 处人工湖泊和 4 处水库。受城市蓝线控制的行洪河道长度共计 228.1 km，人工湖泊面积为 13.05 km²。

在此基础上，本章叠合了淮北市湿地保护范围。湿地保护规划是我国在湿地环境保护中的一项重要空间管理制度，尽管相关制度仍处于不断完善的过程中，但还是为明确湿地的保护范围、落实湿地的保护措施提供了重要的政策依据。《淮北市湿地保护与发展规划（2017—2030 年）》提出"使市域内 90% 的天然湿地得到有效保护"。参照淮北市湿地的分类结果，可提取淮北市天然湿地的范围，其主要为市域内的永久性河流水系，目前淮北市湿地保护范围涉及 21 条河流，面积达 40.08 km²。将从上述两项规划中提取的湿地范围进行叠加，可得到淮北市湿地保护范围（图 4-11）。

图例
湿地保护范围

图 4-11 淮北市湿地保护范围

2）生态空间管制范围

空间管制分区是我国国土空间规划中的重要内容之一[157]，是通过划分城镇空间、生态空间和农业空间，来限制城镇建设用地的无序扩张对农田以及生态空间的侵蚀，以优化空间资源配置，保障城市的可持续发展。湿地是城市中重要的生态资源，湿地和森林、草地、饮用水源地都是生态空间管制的重要目标。被纳入生态空间管制的湿地资源的开发方式和强度都会受到严格的控制。将2006年和2016年城市总体规划中的生态空间进行叠加，可得到淮北市生态空间管制范围（图4-12）。在已实施的两版城市总体规划中，浍河、南沱河、巴河、闸河等作为城市重要的生态廊道被纳入城市生态空间的管制范围，此外南湖湿地公园、华家湖水库等重要的湿地斑块也在其中。《淮北市城市总体规划（2016—2035）》提出了构建"一带、两翼、三廊、四区、多点"的生态空间格局，该规划自实施以来，有效地控制了湿地的开

图例
■ 生态空间管制范围

图4-12　淮北市生态空间管制范围

发强度，对重要河流及其周边缓冲区的生态保护具有积极意义。

生态空间管制不仅对已有湿地资源起到了保护作用，同时也为采煤沉陷湿地的生态修复和综合利用提供了政策引导，从而影响淮北市湿地的景观演化。《淮北市城市总体规划（2016—2035）》也将处于沉陷阶段的采煤沉陷湿地纳入生态空间管制范围，从而为稳沉后的生态利用提供了政策保障。研究期间，淮北市先后规划建设了南湖湿地公园、东湖湿地公园和乾隆湖湿地公园，并将未稳沉的岱河矿区中形成的采煤沉陷湿地纳入管制范围，为未来北湖湿地公园的建设提供基础。依据《淮北市城市总体规划（2016—2035）》，淮北市最终将形成"中央湖廊"湿地空间分布格局。

4. 区位因素

1）距开采沉陷区距离

开采沉陷能够改变地形影响地表的汇流过程，从而对更大范围内的其他湿地产生影响。采用欧氏距离法，可得到各像元距开采沉陷区距离（图 4-13）。与湿地转化情况的叠加结果显示：距开采沉陷区小于 1 km 的地区内湿地面积为 78.77 km^2，占 2018 年湿地总量的 48%。其中新增湿地占 61.36%，而同期湿地损失率为 34.5%。在距开采沉陷区 1 ~ 4.5 km 的地区中，2018 年湿地面积达 28.84 km^2。这一地区湿地的新增和损失的比例有明显降低，分别为 11.11% 和 12.9%。在距开采沉陷区 4.5 ~ 9 km 的地区中，2018 年湿地面积为 44.59 km^2，占湿地总量的 27%。湿地的转化程度也较低，新增率和损失率为 10.64% 和 8.9%。在距开采沉陷区大于 9 km 的地区中，2018 年湿地面积达 11.02 km^2，新增率和损失率分别为 12.78% 和 17%。因此，在邻近开采沉陷区的地区湿地转化概率较大，但其他地区没有明显的梯度差异。

2）永久性积水范围

开采沉陷是导致黄淮东部地区煤炭资源型城市湿地景观演化的重要驱动因素。在淮北市，采矿活动导致的采煤沉陷湿地已经成为城市湿地重要的组成部分，新增湿地主要为开采沉陷区内形成的季节性积水和永久性积水。依据淮北市采煤沉陷湿地的形成规律，永久性积水范围是指沉陷深度大于 3 m 的地区[158]。这些地区积水深度大，采用目前的土地复垦技术将其恢复为农用地的难度大且效益低。根据开采沉陷预测结果，煤炭资源全部开采后，淮北市市域内新增开采沉陷区达 423.33 km²，其中沉陷深度在 1.5 ～ 3 m 的地区面积达 96.41 km²。沉陷深度超过 3 m 的地区将达到 229.75 km²，占新增开采沉陷区的 54.27%[159]，这些地区最终将形成永久性积水（图 4-14）。

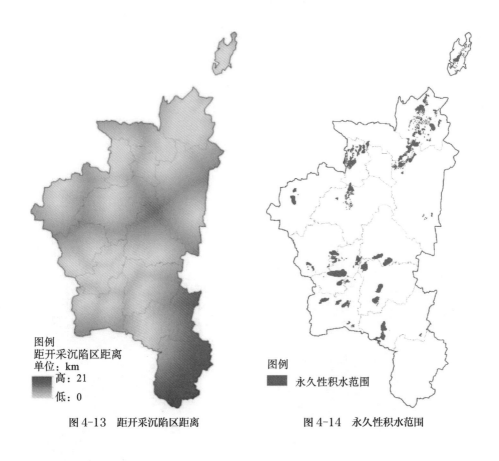

图 4-13　距开采沉陷区距离　　　　　图 4-14　永久性积水范围

4.1.2　影响其他地类演化的驱动因子

上述 12 项驱动因子与湿地的景观演化有着密切的联系。将它们与湿地分布情况进行叠加分析，可初步阐释各驱动因子与湿地空间分布以及转化过程的对应关系。

但为了分析和预测湿地与其他地类之间的相互作用关系，还需要对影响其他地类演化的驱动因子做进一步分析。因此，本章还增加了坡度、基本农田保护范围、距城镇中心距离、距主要河流距离、距主要交通线路距离5项驱动因子（图4-15～图4-19）。其中，坡度是重要的自然驱动因素，坡度过大的地区不利于建设用地和农用地的分布和扩展，但坡度较大的丘陵地区是农用地和草地分布的重点地区。基本农田保护范围是依据土地利用总体规划对基本农田实施特殊保护的区域，对农用地的转化具有强制性的保护作用。距城镇中心距离越短的地区，农用地、林地和草地受城镇化的影响越低，而未利用地形成的概率越大。距主要河流距离对建设用地的扩展具有限制作用。主要交通线路对各类生态用地具有分割和限制作用，但建设用地沿主要道路扩展的概率较高。

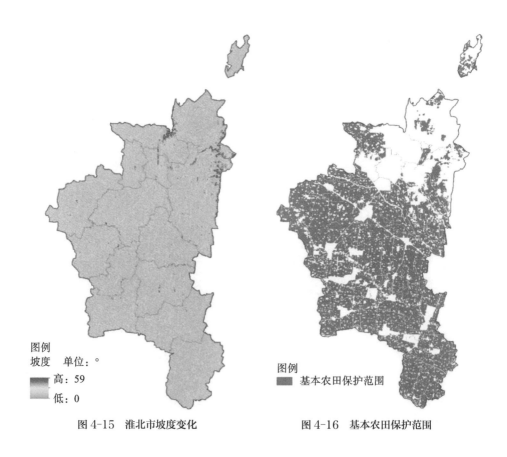

图例
坡度　单位：°
■ 高：59
□ 低：0

图例
■ 基本农田保护范围

图 4-15　淮北市坡度变化　　　　　　图 4-16　基本农田保护范围

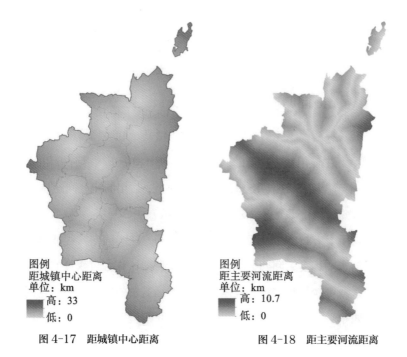

图例
距城镇中心距离
单位：km
高：33
低：0

图 4-17　距城镇中心距离

图例
距主要河流距离
单位：km
高：10.7
低：0

图 4-18　距主要河流距离

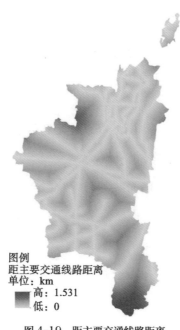

图例
距主要交通线路距离
单位：km
高：1.531
低：0

图 4-19　距主要交通线路距离

4.2 湿地景观演化驱动力 Logistic 回归模型的建立

4.2.1 Logistic 回归模型的原理

目前，关于景观演化驱动力分析方法主要包括基于经验模型的方法和基于统计模型的方法[160]，其中应用较为广泛的有主成分分析、模糊隶属度分析和回归分析等。各模型对变量、样本容量、数据分布规律的要求不同，适用的研究问题也不同，因此，应结合具体的研究目标和研究对象选择不同的分析方法。

回归分析是用于分析多个变量之间统计关系的方法，回归方程能够反映多个因素对某一结果的影响程度。回归分析是采用抽样数据计算各自变量的回归系数，并通过对比回归系数等统计量来量化反映自变量与因变量的统计关系。当因变量为连续变化变量（如年龄、人数）时，可以采用多元回归模型等方法进行分析，但当因变量为土地利用类型等分类变量时，则需要采用 Logistic 回归模型。Logistic 回归模型是通过最大似然估计法求解回归参数的非线性模型，是目前在分类因变量分析中应用较为广泛的建模方法。Logistic 回归模型在计算前需要满足以下条件[161]：

①因变量应服从二项分布，是二分类变量或某事件发生的概率；

②自变量与 Logit（P）之间满足线性关系；

③残差服从二项分布且合计为 0；

④各观测值相互独立。

依据 Logistic 回归模型的建模方法，P 为土地利用分类结果中各像元为目标地区类的概率。Logistic 回归模型见式（4-1）。

$$\text{Logit}(P) = \ln\left(\frac{P}{1-P}\right) = \beta_0 + \sum_{i=1}^{n}\beta_i x_i \tag{4-1}$$

式中：P——湿地分布的概率；

$1-P$——非湿地分布的概率；

β_0——回归方程的常数；

β_i——i 项驱动因子的回归系数；

x_i——i 项驱动因子值；

n——驱动因子个数。

由式（4-1）可得概率值 P。

$$P_i = \frac{\exp\left(\beta_0 + \beta_1 x_1 + \cdots + \beta_i x_i\right)}{1 + \exp\left(\beta_0 + \beta_1 x_1 + \cdots + \beta_i x_i\right)} \qquad (4\text{-}2)$$

β_i 为 i 项驱动因子的回归系数，其值表示 x_i 每改变一个单位，优势比（odds ratio，OR）的自然对数值的变化量。当 β_i 有统计显著性且为正值时，表示在其他驱动因子不变的情况下，该驱动因子值越大，湿地分布的概率越大；当 β_i 有统计显著性且为负值时，表示在其他驱动因子不变的情况下，该驱动因子值越大，湿地分布的概率越小。OR 表示某一结果发生的概率与不发生概率的比值，即 OR=P/（1 − P）。OR 是解释回归系数 β_i 的常用统计量，能够反映 Logistic 回归模型中自变量对事件发生概率的作用[162]。研究在对模型的回归系数进行显著性检验时采用了 Wald 统计量的方法，显著性水平取 0.05，对模型的拟合效果检验时采用了 ROC 曲线指标。

4.2.2 变量数据的处理

从前文对各指标与湿地的空间关系分析结果来看，气温、降雨量、高程、地下水埋深、地区经济总产值、农田生产潜力 6 项指标与湿地的空间分布、转化强度之间有不同程度的梯度变化关系。此外，原煤产量、城镇化率、湿地保护范围、生态空间管制范围、距开采沉陷区距离、永久性积水范围 6 项指标对湿地的分布与转化有明显的作用范围。本章结合其他地类的空间分布特征，选取了共 17 项淮北市景观格局演化的驱动因子进行 Logistic 回归分析（表 4-1）。

表 4-1　选取的景观格局演化驱动因子

类型	编号	驱动因子	单位	空间数据类型
自然因素	D01	气温	0.1 ℃	连续型
	D02	降雨量	0.1 mm	连续型
	D03	高程	m	连续型
	D04	坡度	°	连续型
	D05	地下水埋深	m	连续型
经济-社会因素	D06	地区经济总产值	元 /km²	连续型
	D07	农田生产潜力	kg/hm²	连续型
	D08	原煤产量	10000 t/km²	连续型
	D09	城镇化率	%	连续型

类型	编号	驱动因子	单位	空间数据类型
政策因素	D10	湿地保护范围	—	二分类数据
	D11	生态空间管制范围	—	二分类数据
	D12	基本农田保护范围	—	二分类数据
区位因素	D13	距城镇中心距离	km	连续型
	D14	距开采沉陷区距离	km	连续型
	D15	距主要河流距离	km	连续型
	D16	距主要交通线路距离	km	连续型
	D17	永久性积水范围	km^2	二分类数据

在进行 Logistic 回归分析之前，需要对因变量即采样点进行设置。湿地是驱动力定量分析的因变量。基于 2018 年湿地的分布情况，可在 ArcGIS 平台提取湿地的分布图。随后将其进行二值化处理，即将湿地的像元属性设置为 1，将非湿地的像元属性设置为 0，以符合二元 Logistic 回归模型对因变量的设置要求。

采样点的设置是提取因变量和各驱动因子自变量的重要步骤。研究采用分层随机采样的方法，共选取了 12000 个采样点并保证因变量结果为 0 和 1 的采样点成一定比例，避免因采样比例不均衡而对 Logistic 回归分析结果产生影响，最后在 ArcGIS 中提取所有采样点的自变量值和因变量值，并对因变量结果进行数据归一化处理。归一化处理采用的方法为 min-max 标准化法。

4.2.3　驱动因子的多重共线性分析

Logistic 回归分析中要求各自变量相互独立，因此在初步建立驱动因子指标体系并对自变量进行空间化和采样提取后，还需要利用多重共线性分析对驱动因子进行统计筛选，以免在 Logistic 回归模型运算过程中产生错误。容差（或称容忍度，tolerance）、方差膨胀因子（variance inflation factor，VIF）是识别自变量多重共线性的两项主要统计量。容差是将各项驱动因子分别作为因变量，而将其他驱动因子作为自变量，进行线性回归分析所得到的残差比例。通常认为当容差小于 0.1 时，存在严重的共线性。VIF 是容差的倒数，通常当 VIF 值大于 5 时，该驱动因子存在明显的共线性，大于 10 时则表明共线性严重。

利用 SPSS 平台可对初步选择的 17 项驱动因子进行多重共线性分析。分析结果

（表 4-2）显示：气温和降雨量两项驱动因子的容差分别为 0.044 和 0.047，均小于 0.1；VIF 结果分别为 22.714 和 21.293，均大于 10。结果表明这两项驱动因子存在严重的共线性，因此气温和降雨量变量不参与下一步的回归分析。

表 4-2　湿地景观演化驱动因子多重共线性分析

编号	驱动因子	共线性统计	
		容差	方差膨胀因子（VIF）
D01	气温	0.044	22.714
D02	降雨量	0.047	21.293
D03	高程	0.554	1.806
D04	坡度	0.684	1.463
D05	地下水埋深	0.476	2.103
D06	地区经济总产值	0.403	2.482
D07	农田生产潜力	0.577	1.734
D08	原煤产量	0.394	2.535
D09	城镇化率	0.361	2.773
D10	湿地保护范围	0.890	1.123
D11	生态空间管制范围	0.702	1.424
D12	基本农田保护范围	0.719	1.391
D13	距城镇中心距离	0.374	2.673
D14	距开采沉陷区距离	0.431	2.323
D15	距主要河流距离	0.731	1.369
D16	距主要交通线路距离	0.757	1.320
D17	永久性积水范围	0.652	1.533

4.3　湿地景观演化驱动力 Logistic 回归分析结果与检验

4.3.1　Logistic 回归分析结果

将通过多重共线性分析后的驱动因子与从湿地转化情况二值化结果中提取的因变量值纳入 Logistic 回归运算。驱动因子主要是依据已有的相关文献和煤炭资源型城市湿地景观演化的特征进行选取，因此在 Logistic 回归分析中需要进一步筛选出对湿地景观演化具有主导作用的驱动因子。本章利用 SPSS 24 平台进行 Logistic 回归分析，并采用逐步向前法得到回归结果。逐步向前法是依据各驱动因子的比分检验概率依次加入回归模型计算，当显著性水平大于 0.05 时，表明该驱动因子与湿地景观演化之间缺少显著的统计关系，从而将其从模型中排除，最终逐步筛选出具有显著统计关系的驱动因子。在逐步向前法输出的结果中也提供了被排除的驱动因子的统计量，以帮助解释各驱动因子的贡献水平。最后，本章采用 ROC 曲线对回归分析结果的精度进行评价。Logistic 回归分析的结果包括各驱动因子的回归系数 β、Wald 统计量 χ^2、自由度 df、显著性水平 p 和优势比 OR（表 4-3）。

表 4-3　淮北市湿地景观演化驱动力 Logistic 回归分析结果

驱动因子	回归系数 β	Wald 统计量 χ^2	自由度 df	显著性水平 p	优势比 OR（$\exp\beta$）
D03 高程	− 13.735	11.02	1	0.00	0.00
D06 地区经济总产值	− 1.679	4.42	1	0.04	0.19
D07 农田生产潜力	− 1.099	9.16	1	0.00	0.33
D08 原煤产量	1.206	8.74	1	0.00	3.34
D09 城镇化率	− 0.791	4.76	1	0.03	0.45
D10 湿地保护范围	11.624	133.73	1	0.00	111701.19
D14 距开采沉陷区距离	− 1.22	5.39	1	0.02	3.39
D17 永久性积水范围	5.962	1342.57	1	0.00	388.25
常量 β_0	0.003	0.00	1	0.01	1.00

基于回归分析结果，湿地景观演化的驱动力 Logistic 回归方程见式（4-3）。

$$\text{Logit}\left(\frac{P_i}{1-P_i}\right) = 0.003 - 13.735X_3 - 1.679X_6 - 1.099X_7 + 1.206X_8 - 0.791X_9 \\ + 11.624X_{10} - 1.22X_{14} + 5.962X_{17} \tag{4-3}$$

Logistic 回归分析结果表明对湿地空间分布与演化具有显著统计关系的驱动因子共 8 项，包括高程、地区经济总产值、农田生产潜力、原煤产量、城镇化率、湿地保护范围、距开采沉陷区距离和永久积水范围。Wald 统计量代表模型中各驱动因子的相对权重，用于对比分析各驱动因子对湿地发生转化的贡献水平[163]。结果显示，永久性积水范围和湿地保护范围的贡献率最高。

1. 自然驱动因子

对淮北湿地景观演化具有主导作用的自然驱动因子为高程，而其他因子的空间差异性较低，对湿地景观演化的作用并不显著。在 Logistic 回归分析结果中高程的回归系数为负值，反映出高程值越小的地区受到外部因素干扰后转化为湿地的概率越高[164]。高程的 Wald 统计量结果为 11.02，相对于其他驱动因子而言较高，表明自然因素特征是淮北市湿地景观转化的重要基础条件。高程的优势比 OR 值较小，表明转化为湿地的概率对高程变化的敏感性相对较低。

2. 经济 - 社会驱动因子

经济 - 社会因素中共有 4 项驱动因子对湿地转化具有显著影响，分别为农田生产潜力、原煤产量、城镇化率和地区经济总产值。农田生产潜力的回归系数为负值，表明农业生产水平越高的地区转化为湿地的概率越低。农田生产潜力的 Wald 统计量结果为 9.16，在经济 - 社会因素中贡献率最高。优势比 OR 结果表示农田生产潜力每减少一个单位，湿地形成的概率将上升 33%。在淮北市，农用地是比重最大的土地利用类型，与湿地的相互转化最为活跃。特别是在矿区，受地下采矿活动的影响，大量农用地发生沉陷并演化为湿地景观，导致局部地区农田损毁，从而降低了农田生产潜力。随着开采沉陷范围的扩大，局部农用地转化为湿地的概率将呈上升趋势。

原煤产量的回归系数为正值，表明在原煤产量大的地区湿地转化的概率也越大。其 Wald 统计量结果为 8.74，是影响湿地转化的一项重要经济 - 社会驱动因子。优势比结果表明，原煤产量每增加一个单位转化为湿地的概率将增加 3.34 倍。随着资源产业进入衰退期，原煤产量将在一定时期内持续下降，未来对湿地的影响呈减弱的趋势。

城镇化率回归系数为负值，表明城镇化率越高的地区转化为湿地的概率越低。对于城镇化率高的地区，城镇建设用地的面积相应较大，相对于其他地类，建设用地的稳定性较高，转化为湿地的概率较低。同时，30 年间随着淮北市城市建设用地的扩展，城郊地区大量的采煤沉陷湿地转化为建设用地。土地利用转移矩阵的结果也显示，湿地转化为建设用地的面积仅次于转化为农用地的面积。城镇化率的 Wald 统计量结果为 4.76，在经济 - 社会因素中低于农田生产潜力和原煤产量。近年来，淮北市城镇化率呈增长的趋势，2018 年常住人口城镇化率较上年增长 1.5%。因此可以预期未来城镇化率对湿地的影响仍持续增强。

地区经济总产值的回归系数为负值，表示地区经济总产值越低的地区湿地的转化概率越高。经济总产值高的地区集中于城市建成区，这些地区的湿地被纳入城市绿地系统，成为城市中重要的生态空间，因此具有更高的稳定性。而农村地区，特别是城郊地区，湿地受到的外部干扰机制更为复杂，湿地转化的概率更高。Logistic回归分析结果表明，地区经济总产值的 Wald 统计量结果为 4.42，低于其驱动因子。优势比结果表明，转化为湿地的概率对地区经济总产值的变化并不敏感。目前淮北市处于经济转型阶段，经济水平的增长更为注重生态环境的协调发展，经济发展将为湿地的生态修复提供支持。

3. 政策驱动因子

政策因素中的湿地保护范围是湿地转化的重要解释变量。湿地保护范围的回归系数为正值且 Wald 统计量结果达 133.73，这表明湿地保护范围是湿地转化的关键解释变量。这主要是由于保护范围内的土地利用类型以湿地为主，受损规模小。因而，湿地保护规划是湿地管理重要的政策工具，为保障局部湿地景观的稳定性发挥了积极作用。但目前淮北市湿地保护规划实施时间较短，存在实施管理体系不健全、涵盖边界不清晰等问题。在完善未来湿地保护政策体系时，可以基于已有湿地保护规划的经验与成果，建立市域层面系统性的湿地管理制度。

4. 区位驱动因子

区位因素中的永久性积水范围和距开采沉陷区距离都是关于采矿活动对湿地景观演化的解释变量。两项驱动因子都反映了采矿活动对湿地景观演化的作用。Logistic 回归分析的结果表明，永久性积水范围是淮北市湿地转化的首要解释变量。Wald 统计量结果为 1342.57，显著高于其他驱动因子。这一结果也说明了采矿活动是造成淮北市湿地不断扩展的关键驱动因子。距开采沉陷区距离 Wald 统计量结果为 5.39，相对较低。随着北部濉萧矿区煤矿的关停，目前南部临涣矿区成为采煤沉陷湿地增长的主要地区。采矿活动对湿地景观演化的影响有明显的地区差异。

Logistic 回归分析不仅能反映不同驱动因子对淮北市湿地景观演化的影响，为制订湿地生态规划策略提供重要依据，同时回归方程的建立也是湿地景观演化情景模拟的重要基础。

4.3.2　模型拟合效果检验

在利用 Logistic 回归分析结果构建回归方程后，需要检验模拟的预测值和观测值是否具有较高的一致性，从而评价模型的拟合精度。本章采用了 ROC 曲线工具判断所建立模型的拟合效果。相对其他拟合效果检验指标，ROC 曲线是直接利用预测概率对拟合效果进行判断的。可通过计算曲线下方区域的面积来判断拟合效果，在理想情况下，曲线下方区域的面积为 1 时，表示模型拟合效果较佳；而当曲线下方区域的面积小于 0.5 时，表示模型拟合效果较差。通常当曲线下方区域的面积大于 0.7 时，即认为所建立的模型有较好的拟合效果。本研究在 SPSS 平台中生成的 ROC 曲线如图 4-20 所示，图中 ROC 曲线下方区域的面积为 0.802，大于 0.7，表明上述构建的 Logistic 回归模型能够很好地拟合淮北市湿地转化概率。

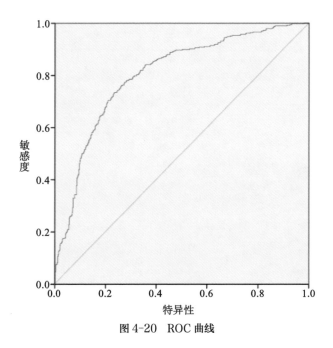

图 4-20　ROC 曲线

5

多情景下湿地景观演化的空间模拟

景观演化情景模拟是依据景观格局的演化特征以及自然、经济 - 社会和政策等因素对景观格局的影响机制，对未来一定时期内区域土地利用的构成和空间格局变化进行模拟和预测，从而为空间规划的制定提供决策依据。近年来，景观演化情景模拟在城市建设用地扩展[165]、区域生态格局变化[166]等领域均有应用。前文研究分析了淮北市湿地景观演化的过程及驱动机理。在此基础上，本章通过构建景观演化情景模拟模型，对淮北市的湿地景观演化趋势进行多个土地利用情景的预测分析。CA-Markov 模型同时具有 Markov 模型预测长期土地利用变化的优势和元胞自动机（cellular automata, CA）模拟复杂系统空间变化的优势，因此，在综合预测景观演化中有着广泛的应用[167]。将 CA-Markov 模型与 Logistic 回归模型进行耦合，能够对自然驱动力和人为驱动力进行综合分析，从而得出更为精确的预测结果。

为了分析湿地与其他地类的相互作用关系，本章采用了整体预测的方法，即对湿地景观演化的预测是通过预测研究范围内整体景观格局的演化趋势，从而提取湿地变化的信息来实现的。在模拟预测过程中，首先参照第 4 章湿地景观演化驱动力分析方法，建立其他地类的 Logistic 回归方程，并以此构建包括所有地类的适宜性图集；其次结合城市转型发展的目标，在模拟中设置趋势发展、快速城镇化、农田恢复和湿地生态保护四种土地利用情景；最后利用 CA-Markov 模型预测了四种情景下 2034 年淮北市土地利用变化结果，为进一步分析湿地景观生态安全的变化趋势提供基础。

5.1 CA-Markov 模型简述

5.1.1 CA 模型原理

元胞自动机理论是由美国数学家冯·诺依曼（J. Von Neumann）于 1948 年提出的，但直至 20 世纪 80 年代才有了系统的发展和应用[168]。元胞自动机最初是用于研究机器的自我模拟复制问题，经过延伸发展至 20 世纪 90 年代，开始被广泛应用于地理学、生态学和环境学等研究领域，成为模拟复杂动态系统变化的重要工具。1994

年，Molofsky 等在研究种群的迁移及其空间分布特征演化时运用了元胞自动机理论。1997 年，Clarke 等在利用 CA 模型模拟城市增长时开发出了 SLEUTH 模型。此外，元胞自动机理论还被广泛应用于土地利用 / 覆盖的动态演化模拟[169]、干扰过程的模拟预测[170] 等研究中。

CA 模型是一种时间、空间和状态离散的网格动力学模型，能够描述局部网格单元在空间上的相互作用和时间上的因果关系[171]。CA 模型的原理是网格中的元胞处于离散且有限的状态，依据一定的转换规则和受邻域元胞的影响而改变状态，并最终导致系统整体演化。基于这一原理，CA 模型中包含元胞、状态、邻域、转换规则和时间五个要素。元胞的转换包括三种方式：首先为确定自动机，即元胞的预测状态是由其初始状态和相邻元胞的当前状态所决定的；其次为栅格结构气体模型，元胞的状态按照一定的规则进行转换且彼此之间相互作用；此外还包括凝固模型，即元胞的状态受到一定规则的约束。在利用 CA 模型进行景观演化情景模拟时，各年份土地利用分类栅格图像为元胞空间，各个栅格等同于元胞。同时将地类属性定义为元胞的状态。元胞状态的变化受到周边元胞的影响，而邻域即指能够影响中心元胞状态变化的相邻元胞集合。转换规则是指元胞状态转换的动力学函数，是构建 CA 模型的核心。CA 模型的数学表达式见式（5-1）。

$$S_{t+1} = f(S_t, N) \tag{5-1}$$

式中：S——元胞在动态系统中所有状态的集合；

t、$t+1$——初始时间和预测时间；

N——元胞邻域；

f——转换规则。

1. 元胞与元胞状态

元胞是元胞自动机系统的基本构成单元，一般为规则的网格，可以为三角形、正方形或多边形等。为了适应栅格图像的运算，元胞形状通常为正方形。元胞处于离散状态，所有元胞共同组成一个离散的元胞空间。在地理空间演化研究中，元胞空间被认为是有限二维空间并具有空间位置属性。元胞的状态是一个有限的离散集合，本研究中元胞的状态为 6 种土地利用类型：湿地、农用地、林地、草地、未利用地和建设用地。

2. 邻域

在元胞状态的转换过程中，邻域的当前状态是影响元胞状态的重要因素。定义邻域是依据相邻元胞的距离为各个元胞赋予距离权重，使其具有空间意义。邻域的定义方法包括 Von Neumann 邻域、Moore 邻域、圆形邻域和随距离衰减邻域。本章是基于 Terrset 平台中的 CA-Markov 模块进行土地利用模拟与预测，在对邻域的定义中采用了 5×5 滤波器（图 5-1）。

0	0	1	0	0
0	1	1	1	0
1	1	1	1	1
0	1	1	1	0
0	0	1	0	0

图 5-1　5×5 滤波器示意图

3. 转换规则

定义转换规则是构建 CA 模型的核心部分，转换规则是元胞从初始状态向预测状态的变化规则。转换规则主要采用土地利用适宜性图集进行设定。土地利用适宜性图集是包含所有地类转化概率的栅格图像集，描述了一定时期内研究范围中各栅格转化为某一地类的概率。可利用第 4 章中 Logistic 回归分析的方法得出湿地及其他地类的转化概率，并在 ArcGIS 平台中采用栅格计算模块生成各地类转化的适宜性栅格图，具体过程见第 5.1.2 节。

4. 时间

在元胞自动机系统中，一个时间点内元胞只存在一种状态并随着时间的推移依据定义的转换规则而改变。时间间隔是预测元胞状态的重要变量，通常用年表示，在 CA 模型中用元胞自动机迭代次数进行体现。在构建 CA 模型时，时间间隔通常设置为等距且连续的时间序列。同时，在 CA 模型中，时间是一个离散的集合，即元胞在 $t+1$ 时间的状态只与 t 时间的状态相关，而与 $t-1$ 时间的状态无关。理论上，CA 模型中的时间应选取间隔相等的年份。

总而言之，CA 模型是一种自下而上、由局部到整体的建模方式，能够很好地模拟自组织系统的演变过程 [172]。在模拟预测地理空间演化中，CA 模型具有以下优势。首先，基于简单的局部转换规则就能够实现对复杂系统演化过程的模拟预测。其次，CA 模型能够很好地解释土地利用的复杂演化过程。最后，CA 模型能够很好地处理和解释栅格图像的变化，提高 GIS 系统的建模功能和对数据的发掘能力 [173]。因此，本书在对淮北市湿地景观演化的模拟和预测中使用了 CA 模型。

5.1.2　CA-Markov 模型的构建

1.CA 模型与 Markov 模型的耦合

Markov 模型是一种关于事件发生概率的预测方法，是将时间序列作为随机过程，通过对不同时间状态转移概率的分析来预测事件状态的变化。系统在未来的状态只与当前状态相关，而与过去其他时刻的状态无关的特性，被称为无后效性。具有无后效性的随机过程即 Markov 过程。时间和状态都离散的 Markov 过程为 Markov 链，即假设在 t 时间随机过程 x_n 的状态为 x_t，那么在 $t+1$ 时间上的状态 x_{t+1} 只与 x_t 相关。此外，Markov 链具有稳定性，随着时间的变化，Markov 过程逐渐趋于稳定。系统从初期状态向末期状态转换的概率为状态转移概率，Markov 模型的主要输出结果为状态转移概率矩阵。在本书中，状态转移概率矩阵是指斑块在 t 至 $t+1$ 时期从 i 地类转化为 j 地类的概率 P_{ij} 所构成的矩阵，函数模型见式（5-2）。

$$P_{ij} = \begin{bmatrix} P_{11}, P_{12}, \cdots, P_{1n} \\ P_{21}, P_{22}, \cdots, P_{2n} \\ \vdots \quad \vdots \quad \quad \vdots \\ P_{n1}, P_{n2}, \cdots, P_{nn} \end{bmatrix} \tag{5-2}$$

式中：n——土地利用类型数量；

P_{ij}——t 至 $t+1$ 时期从 i 地类转化为 j 地类的面积与 t 时间 i 地类的总面积的比值。

Markov 模型在预测各地类之间相互转化的数量方面有较好的效果，但无法预测土地利用空间分布的变化。因此，目前普遍采用 CA-Markov 模型对土地利用进行情景模拟分析[174]。构建 CA-Markov 模型采用了 Logistic 回归模型制定转换规则。CA-Markov 模型情景模拟过程如图 5-2 所示。

2.转换规则的定义

在利用 CA-Markov 模型进行景观演化预测时，必须要考虑如何把复杂的自然、人为驱动因素量化并引入模型，从而定义元胞转化规则。可采用 Logistic 回归模型生成各地类的回归方程。淮北市湿地景观演化驱动力的 Logistic 回归分析过程如第 4 章所述，同理利用 Logistic 回归模型得到其他地类的回归方程。对各地类回归分析结果进行 ROC 检验的结果分别为：农用地 0.802、林地 0.893、草地 0.954、未利用地 0.774 和建设用地 0.794，均大于 0.75。这表明各地类的 Logistic 回归方程具有较高的解释水平，能够很好地拟合驱动因子与淮北市各地类空间分布之间的关系。

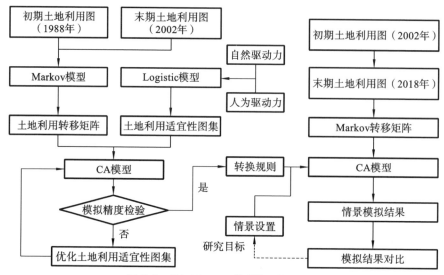

图 5-2　CA-Markov 模型情景模拟过程

农用地 Logistic 回归方程见式（5-3）。

$$\text{Logit}\left(\frac{P_i}{1-P_i}\right) = -1.373 - 12.257X_3 - 2.219X_4 + 1.813X_6 + 2.109X_7 - 0.943X_8$$
$$- 2.126X_9 - 0.135X_{11} + 1.692X_{12} + 0.719X_{14} + 0.644X_{15} - 0.486X_{16} \tag{5-3}$$

林地 Logistic 回归方程见式（5-4）。

$$\text{Logit}\left(\frac{P_i}{1-P_i}\right) = -0.656 + 2.985X_3 - 0.925X_4 - 5.034X_5 - 1.238X_7 - 0.751X_8$$
$$+ 0.960X_9 - 0.429X_{12} + 3.151X_{13} - 1.626X_{15} \tag{5-4}$$

草地 Logistic 回归方程见式（5-5）。

$$\text{Logit}\left(\frac{P_i}{1-P_i}\right) = -1.655 + 2.007X_3 + 1.975X_4 - 6.053X_5 - 0.702X_6 - 0.379X_7 - 1.021X_8$$
$$+ 1.923X_9 + 1.448X_{11} - 1.437X_{12} + 3.362X_{13} - 1.568X_{14} + 0.956X_{15}$$
$$- 4.173X_{16}$$

$$(5\text{-}5)$$

未利用地 Logistic 回归方程见式（5-6）。

$$\text{Logit}\left(\frac{P_i}{1-P_i}\right) = -0.566 - 1.991X_3 + 2.031X_4 + 0.679X_5 - 2.986X_6 - 1.221X_7 + 1.074X_8$$
$$- 1.260X_9 + 0.197X_{11} - 1.141X_{12} - 1.176X_{13} - 2.995X_{14} - 1.340X_{15}$$
$$+ 2.332X_{16} - 0.002X_{17}$$

$$(5\text{-}6)$$

建设用地 Logistic 回归方程见式（5-7）。

$$\text{Logit}\left(\frac{P_i}{1-P_i}\right) = 1.436 - 13.091X_3 + 1.015X_5 + 2.273X_6 - 0.567X_7 - 1.568X_8 - 0.901X_{11}$$
$$- 1.433X_{12} - 1.627X_{13} + 0.713X_{14} + 0.399X_{15} - 1.376X_{16}$$

$$(5\text{-}7)$$

基于上述各地类的回归方程和各驱动因子的分布图（图 4-3 ～图 4-19），可利用 ArcGIS 中的栅格计算器工具生成各地类的土地利用适宜性概率图，从而定义转换规则。土地利用适宜性概率图反映了每一个栅格转化为特定地类的概率，值域范围为 0 ～ 1（图 5-3）。本章基于 Terrset 18.01 平台进行淮北市景观演化的模拟预测。在利用 Terrset 平台运行 CA-Markov 模型前，需要将各土地利用适宜性概率图的概率值变换至 0 ～ 255，并转化为 .rst 格式。主要河流与已建成的道路一般为永久性地类，发生转化的概率较低。为了避免模型在运行过程中对这两种地类进行转换，在定义转换规则时，应单独生成这两种地类的适宜性概率图，将现有的主要道路与河流部分定义为 1，其他部分定义为 0（图 5-4）。然后将其按照顺序导入 Terrset 制作生成最终的土地利用适宜性图集，并将其作为 CA-Markov 模块中的转换规则。

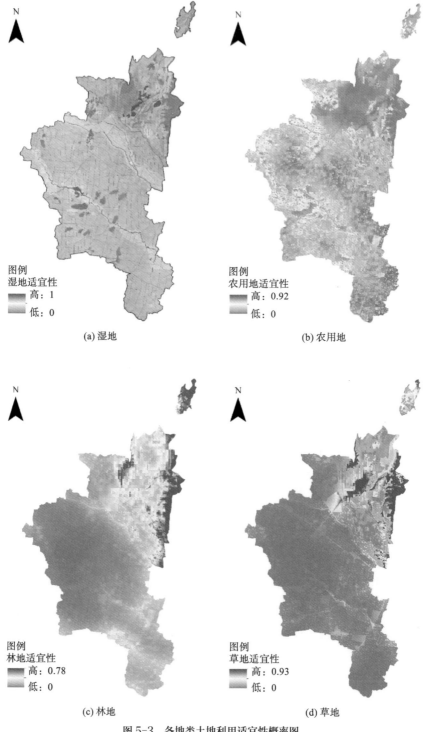

图例
湿地适宜性
高：1
低：0

(a) 湿地

图例
农用地适宜性
高：0.92
低：0

(b) 农用地

图例
林地适宜性
高：0.78
低：0

(c) 林地

图例
草地适宜性
高：0.93
低：0

(d) 草地

图 5-3　各地类土地利用适宜性概率图

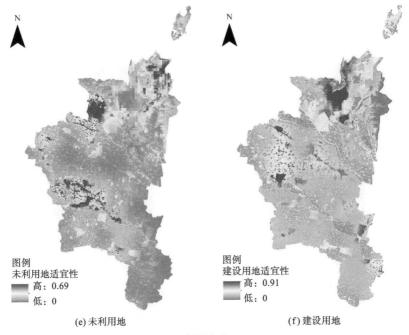

图例
未利用地适宜性
高: 0.69
低: 0

(e) 未利用地

图例
建设用地适宜性
高: 0.91
低: 0

(f) 建设用地

续图 5-3

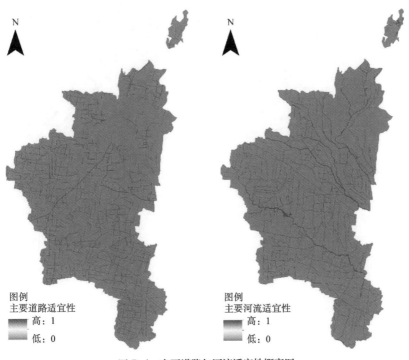

图例
主要道路适宜性
高: 1
低: 0

图例
主要河流适宜性
高: 1
低: 0

图 5-4　主要道路与河流适宜性概率图

5.1.3 CA-Markov 模型有效性检验

在进行淮北市景观演化情景模拟前，可利用遥感解译获得的土地利用观测结果对 CA-Markov 模型的模拟结果进行精度验证。验证过程如图 5-2 所示，首先通过 Markov 模块生成淮北市 1988 年和 2002 年的土地利用面积转移矩阵，并将其与土地利用适宜性图集一同作为 CA-Markov 模型的转换规则。模拟的时间间隔为 16 年，因此将元胞自动机迭代次数设置为 16 次，然后生成 2018 年淮北市土地利用模拟结果。2018 年淮北市土地利用遥感观测结果与模型模拟结果对比见图 5-5。可利用 Kappa 系数验证 CA-Markov 模型的模拟精度。

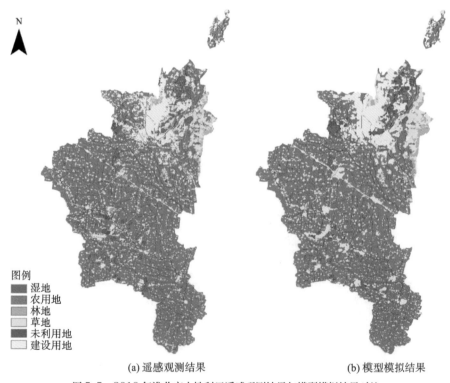

图例
■ 湿地
■ 农用地
■ 林地
□ 草地
■ 未利用地
□ 建设用地

(a) 遥感观测结果　　　　　　　　　　　(b) 模型模拟结果

图 5-5　2018 年淮北市土地利用遥感观测结果与模型模拟结果对比

Kappa 系数是判定分类精度的重要指标。Kappa 系数的结果为 −1 ～ 1，但通常为 0 ～ 1。当 Kappa 系数为 0 ～ 0.4 时，表明预测结果与实际结果的一致性水平较低；当 Kappa 系数为 0.4 ～ 0.75 时，表明预测结果与实际结果的一致性水平一般；而当

Kappa 系数大于 0.75 时，表明预测结果与实际结果有高度的一致性。Kappa 系数的计算函数见式（5-8）。

$$Kappa = \frac{P_0 - P_c}{1 - P_c} \tag{5-8}$$

式中：P_0——栅格模拟一致比例；

P_c——土地利用类型数量的倒数，表示随机情况下栅格模拟一致比例。

淮北市土地利用遥感观测结果和模拟结果的 Kappa 系数为 0.8373，高于 0.75，表明本章所构建的 CA-Markov 模型有较高的模拟精度。将遥感观测结果和模型模拟结果进行叠加分析，可生成土地利用混淆矩阵，该矩阵可反映两个结果之间的差异性，表 5-1 是基于土地利用混淆矩阵整理的各地类一致性水平。结果表明：湿地和农用地的模拟精度较高，而误差较大的为草地和未利用地。这主要是由于草地和未利用地景观演化过程受偶然性因素的影响较大。而 CA-Markov 模型主要是依据以往各地类的转化情况及邻域元胞的状态来预测各地类面积，对偶然性因素估计不足。但整体上，该模型的精度满足淮北市景观演化情景模拟的要求。

表 5-1　基于土地利用混淆矩阵整理的各地类一致性水平（单位：个）

地类	观测栅格数量	模拟栅格数量	一致栅格数量	准确率
湿地	166915	166648	154301	92.44%
农用地	325580	326120	291671	89.59%
林地	115799	116060	96494	83.33%
草地	89507	88940	69575	77.73%
未利用地	102700	101610	79857	77.76%
建设用地	140718	141841	121707	86.49%

5.2　趋势发展情景模拟

湿地景观演化的情景模拟是基于淮北市湿地的空间分布现状特征和以往的发展趋势，依据不同的土地利用目标定义发展情景，从而模拟预测未来一定时期土地利用变化影响下湿地的景观演化结果。在情景模拟过程中，先通过 Markov 模型计算

2002 年和 2018 年淮北市土地利用面积转移矩阵，再以 2018 年淮北市土地利用现状为初始土地利用状态，预测 2034 年的湿地景观演化结果。转换规则采用验证优化后的土地利用适宜性图集。可通过调整土地利用面积转移矩阵参数来模拟不同土地利用情境。依据研究目的，本章设置了 4 种土地利用情景，即趋势发展情景、快速城镇化情景、农田恢复情景和湿地生态保护情景，以模拟预测多情景下 2034 年淮北市湿地景观演化结果。

5.2.1　趋势发展情景设置

趋势发展情景是按照湿地景观演化的现状特征和趋势进行模拟预测。湿地的景观演化方式既包括不同湿地类型之间的转化，也包括湿地和其他地类之间的相互转化。整体上，淮北市湿地的景观演化方式是以湿地与其他地类之间的转化为主。2002—2018 年，淮北市湿地的转化情况如表 3-6 所示。这一时期湿地的转入和转出都更为活跃，突出的变化为采煤沉陷湿地的迅速增加。根据淮北市矿区开采沉陷预计的结果，趋势发展情景下湿地的总面积仍将快速增加。在土地复垦和城镇化的影响下，部分湿地转变为其他地类的概率也较高。政策因素主要是限制部分湿地的开发，在政策因素管控范围内的湿地具有较高的稳定性，但当前尚缺少系统的规划管理体系。

趋势发展情景的设置是指湿地转化的趋势与 2002—2018 年保持一致，以这一时期淮北市土地利用转移矩阵的结果为基础，不施加新干扰因素，并通过 CA-Markov 模型预测相同时间间隔后（2034 年）湿地的转化情况与空间分布格局。趋势发展情景模拟的结果是当前驱动力系统，特别是人为驱动因素对湿地作用的延续，能够帮助探究黄淮东部地区煤炭资源型城市经济、社会发展模式以及政策管理机制对湿地景观演化产生的长期生态效应。趋势发展情景同时也是设置其他情景的参照。《淮北市城市总体规划（2016—2035）》中明确了淮北市"国家重要能源基地"和"安徽省重要的现代煤化工基地和战略性新兴产业基地"的城市职能。因此，资源产业在未来一定时期内，仍将作为国民经济的重要组成部分，而采矿活动的持续发展也不可避免地对土地利用结构造成长期的干扰。因此，应使快速城镇化情景、农田恢复情景和湿地生态保护情景中湿地的增长与趋势发展情景保持一致。趋势发展情景下土地利用转移概率矩阵如表 5-2 所示。

表 5-2　趋势发展情景下土地利用转移概率矩阵（单位：%）

类型	湿地	农用地	林地	草地	未利用地	建设用地
湿地	77.12	10.45	1.61	0.72	2.43	7.67
农用地	2.91	88.23	0.99	0.34	1.04	6.50
林地	3.38	10.92	62.02	16.60	1.17	5.90
草地	0.00	0.88	12.44	75.08	8.29	3.31
未利用地	26.90	19.16	2.84	6.75	10.94	33.40
建设用地	1.33	2.49	0.76	0.46	1.60	93.37

5.2.2　趋势发展情景模拟结果

趋势发展情景模拟结果显示按照当前的土地利用模式，淮北市湿地的面积将持续增加。至 2034 年湿地总面积将达到 194.51 km²，较 2018 年增加 31.29 km²（表5-3）。其中，采煤沉陷湿地增长最为显著，较 2018 年增加 28.04 km²，增长率为46.13%。这表明在当前发展模式下，采矿活动持续造成大量地表沉陷并最终形成湿地，未来一定时期内湿地景观格局仍具有不稳定性。此外，河流型湿地面积增长了3.39 km²，较 2018 年增长了 3.66%。通过湿地转化分布的分析可以发现，河流型湿地面积的增长主要是由于矿区开采沉陷对部分河道造成破坏。农用池塘、水库和城市景观水面变化均呈减少趋势，但减少面积小于 1 km²，面积相对稳定。趋势发展情景下，2034 年湿地占市域面积的比重增加至 7.10%。其他地类方面，至 2034 年林地、未利用地和建设用地分别增长了 17.39 km²、19.70 km² 和 103.06 km²。农用地和草地分别减少了 171.43 km² 和 0.005 km²［图 5-6（a）］。

表 5-3　趋势发展情景下 2034 年的淮北市湿地转化（单位：km²）

土地利用类型	面积	土地利用结构	湿地转入面积 *	湿地转出面积 **
湿地	194.51	7.10%	125.88	0
农用地	1646.07	60.05%	52.83	17.05
林地	65.56	2.39%	1.63	2.63
草地	79.16	2.89%	0.00	1.17
未利用地	42.16	1.54%	6.04	3.96
建设用地	713.94	26.04%	8.13	12.52

注：* 模拟期间其他地类转化为湿地的面积；** 模拟期间湿地转化为其他地类的面积。

通过对湿地与其他地类的相互转化分析可以发现。一方面，在趋势发展情景中，2018—2034 年共 37.34 km² 的湿地转出为其他地类［图 5-6（b）］，其中湿地减少面积的 46% 被复垦为农用地，是模拟期间湿地最大的转出方向。其次为城镇化对湿地的影响，湿地减少面积的 34% 被转化为建设用地。湿地转化为林地、草地和未利用地的规模占湿地减少面积的 20%，相对 2002—2018 年有不同程度的变化。另一方面，趋势发展情景下，2018—2034 年共 68.63 km² 的其他地类转入为湿地，新增湿地主要的来源为农用地和建设用地，分别为 52.83 km² 和 8.13 km²，占新增湿地的 88.82%，主要为采矿活动导致的农用地和农村居住用地发生沉陷并积水。依据式（3-4）和式（3-5），时段层次湿地的转入强度值 G_{tj} 和转出强度值 L_{ti} 分别为 2.20% 和 1.43%，较 2002—2018 年结果有所下降。

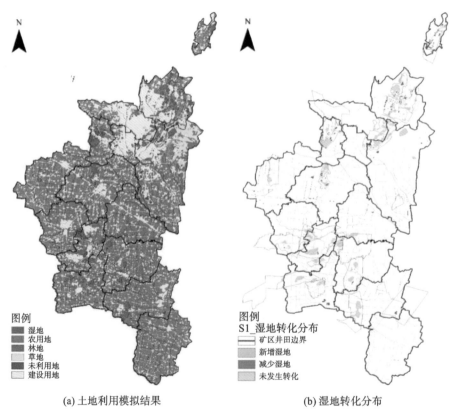

图例
湿地
农用地
林地
草地
未利用地
建设用地

（a）土地利用模拟结果

图例
S1 湿地转化分布
矿区井田边界
新增湿地
减少湿地
未发生转化

（b）湿地转化分布

图 5-6　趋势发展情景下 2034 年的淮北市土地利用模拟结果和湿地转化分布

在趋势发展情景下，各地区湿地的转化有明显的空间差异性［图 5-6（b）］。至 2034 年，湿地的景观变化主要为采煤沉陷湿地的动态转化。在濉萧矿区涉及的杜集区、相山区和烈山区内，随着开采沉陷效应的延续，局部采煤沉陷湿地仍有所扩展。模拟期间，该地区湿地呈增加的趋势，至 2034 年净增加湿地 8.54 km²，其中新增湿地 12.60 km²，减少湿地 4.06 km²。刘桥镇、百善镇和铁佛镇境内模拟期间新增湿地面积为 11.69 km²，而损失湿地达 17.44 km²，净减少湿地达 5.75 km²，是该情景中唯一呈下降趋势的地区。南部临涣矿区是未来淮北市重点开发的矿区，也是淮北市湿地转化规模最大的地区。临涣矿区涉及临涣镇、韩村镇、四铺镇、孙疃镇、五沟镇和南坪镇，模拟期间该地区内新增湿地 41.91 km²，同时损失湿地 15.07 km²，预计净增加湿地将达 26.84 km²，该地区湿地与其他地类的相互转化强度最高。非矿区的区域包括濉溪镇和双堆集镇，两城镇中湿地变化程度最小，至 2034 年净增加 0.77 km²。

5.3 快速城镇化情景模拟

5.3.1 快速城镇化情景设置

随着城市主导产业的转型，资源产业占城市经济结构的比重不断下降，淮北市进入了转型发展时期。《淮北市城市总体规划（2016—2035）》提出建设"苏鲁豫皖交汇区域中心城市"的发展目标。转型时期新兴产业的发展导致对建设用地的需求增加，并再次推动人口的增加与城镇化水平的提升。依据《淮北市城市总体规划（2016—2035）》，至 2035 年淮北市常住人口将增加 34.6 万人，人口城镇化率将从 2018 年的 65.1% 增加至 85%。这一过程中邻近城乡建成区的湿地被转化为建设用地的概率上升。2002—2018 年，淮北市共 11.79 km² 的湿地被转化为建设用地。快速城镇化情景中城郊地区湿地向建设用地转化的概率高于趋势发展情景[167]。该情景在当前湿地景观演化的基础上结合城市发展目标，重点模拟建设用地迅速扩展对湿地景观演化产生的长期生态效应。

结合 2002—2018 年建设用地的增长规模（40.39%）以及近年来城市增长边界等限制因素的影响，假设至 2034 年淮北市城镇建设用地增长 25%。在趋势发展情景设置的基础上，以保障建设用地的增长为前提，增加湿地、农用地和未利用地向建设用地转化的概率，同时限制建设用地向其他地类的转化（表 5-4）[175]。将调整后的 Markov 土地利用转移矩阵导入 CA-Markov 模型，模拟快速城镇化情景下 2034 年淮北市湿地的景观格局。

表 5-4 快速城镇化情景下土地利用转移概率矩阵（单位：%）

类型	湿地	农用地	林地	草地	未利用地	建设用地
湿地	73.57	7.26	1.61	0.72	1.82	15.02
农用地	2.91	86.54	0.99	0.34	1.04	8.19
林地	3.38	10.92	62.02	16.60	1.17	5.90
草地	0.00	0.88	12.44	75.08	8.29	3.31
未利用地	26.90	14.71	2.84	6.75	10.94	37.86
建设用地	1.33	2.49	0.76	0.46	0.78	94.19

5.3.2 快速城镇化情景模拟结果

在快速城镇化情景下，至 2034 年淮北市建设用地面积将达 762.64 km²，超过趋势发展情景模拟结果 48.70 km²，是城镇建设用地面积最大的模拟情景。因此，该情景模拟结果能够反映未来一定时期内，建设用地快速增长对湿地景观演化的影响（表 5-5）。该情景模拟结果显示，至 2034 年淮北市湿地面积将达到 188.71 km²，占淮北市市域面积的 6.88%，比 2018 年湿地面积增长 15.62%，但较趋势发展情景的模拟结果小 5.80 km²。快速城镇化情景下，采煤沉陷湿地的面积为 90.25 km²，比 2018 年增加了 29.47 km²，是该情景中唯一呈上升趋势的湿地类型。河流型湿地面积为 90.28 km²，较 2018 年减少 2.46 km²，整体变化相对稳定。农用池塘面积减少了 1.39 km²，至 2034 年为 3.18 km²。水库面积、城市人工景观水面与娱乐水面面积变化并不显著，分别减少了 0.06 km² 和 0.07 km²。其他地类方面：快速城镇化情景下 2034 年农用地减少了 208.33 km²，减少速度快于趋势发展情景。林地和未利用地呈增加的趋势，分别增长了 17.39 km² 和 13.70 km²。草地则减少了 0.01 km²［图 5-7（a）］。

表 5-5　快速城镇化情景下 2034 年的淮北市湿地转化（单位：km²）

土地利用类型	面积	土地利用结构	湿地转入面积 *	湿地转出面积 **
湿地	188.71	6.88%	120.08	0
农用地	1609.17	58.70%	52.83	11.85
林地	65.56	2.39%	1.63	2.63
草地	79.15	2.89%	0.00	1.17
未利用地	36.16	1.32%	6.04	2.96
建设用地	762.64	27.82%	8.13	24.52

注：* 模拟期间其他地类转化为湿地的面积；** 模拟期间湿地转化为其他地类的面积。

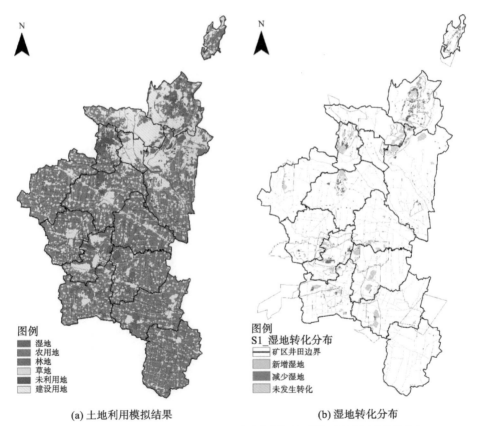

(a) 土地利用模拟结果　　　　　　　　(b) 湿地转化分布

图 5-7　快速城镇化情景下 2034 年的淮北市土地利用模拟结果和湿地转化分布

　　快速城镇化情景下湿地仍呈增加的趋势。其中，新增湿地的规模与趋势发展情景相同，而湿地的减少速度加快［图5-7（b）］。该情景模拟结果显示，2018—2034年，共43.14 km² 的湿地转出为其他地类，是趋势发展情景的1.16倍。其中，转出为建设用地的湿地面积增加至24.52 km²，约占湿地减少面积的57%，成为湿地转出的主要方向。湿地转出为农用地的面积下降至11.85 km²，占湿地减少面积的27%。此外，湿地转出为林地、草地和未利用地的面积占湿地减少面积的16%。依据式（3-4）和式（3-5），时段层次湿地的转入强度值 G_{tj} 和转出强度值 L_{ti} 分别为2.27%和1.65%，表明快速城镇化情景下湿地的转化强度高于趋势发展情景。

快速城镇化情景下湿地与其他地类转化的地区差异性最大。濉萧矿区涉及的杜集区、相山区和烈山区，是淮北市城镇化发展较快的地区，因此建设用地对湿地变化的影响显著。该地区模拟期间净减少湿地7.78 km²，其中新增湿地12.70 km²，减少湿地20.48 km²。其他地区湿地面积呈不同程度的增加，增加规模较大的为中部临涣矿区所在的临涣镇、韩村镇等六个镇，该地区净增加湿地29.86 km²，其中新增湿地41.50 km²，减少湿地11.64 km²，高于趋势发展情景湿地净增长规模。百善镇、刘桥镇和铁佛镇地区模拟期间净增长湿地2.20 km²，其中新增湿地11.66 km²，减少湿地9.46 km²。濉溪镇和双堆集镇为非矿区城镇，湿地变化程度最小，模拟期间净增加湿地1.21 km²。

5.4 农田恢复情景模拟

5.4.1 农田恢复情景设置

黄淮东部地区煤炭资源型城市中，大量煤矿和农用地在空间上重合，采矿活动使得大片的农用地发生沉陷、积水，并失去原有的生态功能，严重威胁着基本农田的安全。对采煤沉陷湿地进行复垦，是我国煤炭资源型城市进行生态修复的基本要求，也是此类城市中土地利用变化的重要方面。据统计，淮北市煤炭开采区内95%以上为农用地，长期的采矿活动已导致农用地面积锐减。目前，淮北市农田恢复的主要方式为对开采沉陷地区工矿废弃地和积水较浅的采煤沉陷湿地进行土地的整理和复垦。随着采矿活动的持续，提高土地复垦水平是淮北市土地利用规划的重要内容，但农田的恢复会对湿地的景观演化形成二次影响。1988—2018 年的土地利用转化结果也表明，30 年间，累计 43.96 km² 的湿地转化为农用地，农用地是湿地转出的主要方式。因此，需要对农田恢复情景下湿地的演化进行模拟分析。农田恢复情景是淮北市土地复垦率快速提高情况下湿地景观演化的过程及其长期的生态效应。

农田恢复情景的设置主要是在趋势发展情景的基础上，依据淮北市工矿废弃地土地复垦的目标，假设 60% 的采煤沉陷湿地被复垦为农用地，并结合淮北市基本农田保护范围限制农用地向未利用地和建设用地的转出概率。该情景以保障淮北市农田安全为首要原则，主要反映矿区农田恢复情景对湿地景观演化的影响，调整后的土地利用转移概率矩阵如表 5-6 所示。

表 5-6　农田恢复情景下土地利用转移概率矩阵（单位：%）

类型	湿地	农用地	林地	草地	未利用地	建设用地
湿地	69.99	22.51	1.61	0.72	0.59	4.58
农用地	2.91	90.26	0.99	0.34	0.49	5.02
林地	3.38	10.92	62.02	16.60	1.17	5.90
草地	0.00	0.88	12.44	75.08	8.29	3.31
未利用地	26.90	19.16	2.84	6.75	10.94	33.40
建设用地	1.33	2.49	0.76	0.46	1.60	93.37

5.4.2　农田恢复情景模拟结果

农田恢复情景是反映农田得到优先恢复时淮北市湿地的景观演化情况，模拟结果显示，至 2034 年淮北市农田面积达 1702.68 km²，相对 2018 年减少了 6.32%，但高于其他情景模拟结果。该情景模拟结果中建设用地规模为 681.97 km²，是四个模拟中建设用地增长最低的情景。因此，农田恢复情景的模拟结果在一定程度上也能够反映城市增长受限情况下，淮北市土地利用的空间变化（表 5-7）。至 2034 年，湿地面积为 182.86 km²，是各情景中湿地面积最小的模拟结果。在农田恢复情景下，采煤沉陷湿地面积为 84.79 km²，较 2018 年增加 23.91 km²，低于其他情景模拟结果。其他湿地类型则有不同程度的减少。模拟期间，河流型湿地面积为 90.45 km²，较 2018 年下降了 2.29 km²。农用池塘面积减少至 2.59 km²，小于其他情景的模拟结果。水库、城市人工景观水面与娱乐水面变化较小，至 2034 年下降为 4.63 km² 和

0.4 km²。其他地类方面，农田恢复情景中农用地较 2018 年减少了 114.82 km²，但高于趋势发展情景模拟结果。建设用地较 2018 年增加了 71.09 km²，增长率为 11.64%。该情景中未利用地增加了 6.70 km²，低于其他情景模拟结果。林地呈增加趋势，模拟结果与趋势发展情景一致。此外，草地模拟结果也与趋势发展情景一致 [图 5-8（a）]。

表 5-7　农田恢复情景下 2034 年的淮北市湿地转化（单位：km²）

土地利用类型	面积	土地利用结构	湿地转入面积 *	湿地转出面积 **
湿地	182.86	6.67%	114.24	0
农用地	1702.68	62.11%	52.83	36.74
林地	65.56	2.39%	1.63	2.63
草地	79.16	2.89%	0.00	1.17
未利用地	29.16	1.06%	6.04	0.96
建设用地	681.97	24.88%	8.13	7.47

注：* 模拟期间其他地类转化为湿地的面积；** 模拟期间湿地转化为其他地类的面积。

　　农田恢复情景模拟中，湿地的转化较为活跃 [图 5-8（b）]。该情景下 2018—2034 年共计 48.97 km² 的湿地转化为其他地类，是趋势发展情景的 1.31 倍。减少湿地中的 75% 被复垦为农用地，农用地是湿地转出的主要方式。该情景中湿地向建设用地的转化规模下降为 7.47 km²，占湿地减少面积的 15.25%。湿地转化为林地、草地和未利用地的面积达 4.76 km²，低于趋势发展情景。在湿地增长方面，农田恢复情景下新增湿地面积与趋势发展情景一致，为 68.63 km²，占 2034 年湿地总量的 37.53%。依据式（3-4）和式（3-5），时段层次湿地的转入强度值 G_{tj} 和转出强度值 L_{ti} 分别为 2.35% 和 1.88%，表明农田恢复情景下湿地的转化强度最高。

　　模拟期间，临涣矿区涉及的临涣镇、韩村镇等六镇是湿地呈净增加变化的地区，净增加湿地 25.16 km²，其中，新增湿地 44.06 km²，而减少湿地 21.90 km²，减少湿地面积高于其他情景，表明土地复垦对该地区湿地景观演化的影响最大。北部市区的杜集区、相山区和烈山区范围内湿地面积呈净减少的变化趋势。至 2034 年，该地区新增湿地 12.00 km²，减少湿地 13.62 km²，净减少湿地 1.61 km²，减少的速度与趋势发展情景相近而低于快速城镇化情景，表明农田恢复对这一地区湿地的演化影响较小。西部的百善镇、刘桥镇和铁佛镇地区，新增湿地 11.71 km²，同时在土地复垦影响下减少湿地 15.31 km², 最终该地区净减少湿地 3.60 km²。在非矿区的濉溪镇和双堆集镇, 净减少湿地 0.31 km², 变化程度最低。

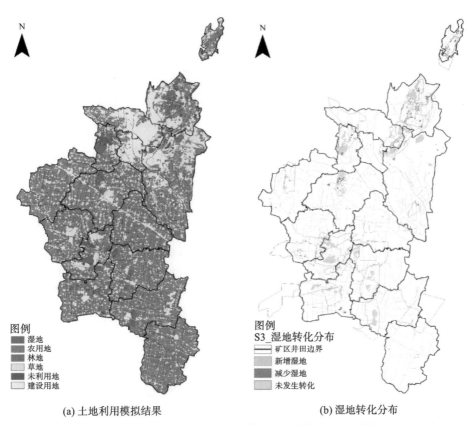

(a) 土地利用模拟结果　　　　　　　　(b) 湿地转化分布

图 5-8　农田恢复情景下 2034 年的淮北市土地利用模拟结果和湿地转化分布

5.5　湿地生态保护情景模拟

5.5.1　湿地生态保护情景设置

在 20 世纪 90 年代, 采煤沉陷湿地的治理主要采用"回填—农业复垦—城市近郊地区进行建设用地二次开发"的模式。因此，长期以来，湿地景观的快速转化使得区域整体景观格局呈现显著的不稳定性。近年来，随着对湿地生态价值认知和生态修复技术的提高，许多煤炭资源型城市开始探索利用采煤沉陷湿地构建城市湿地公园或平原水库等举措，综合开发湿地资源。近年来，淮北市开始探索通过限制采煤沉陷湿地的开发，利用生态条件较为稳定的湿地建立湿地公园，建立多层次的湿地保护管理体系。

湿地生态保护情景是假设淮北市当前已有的和 2034 年新增的永久性湿地资源（下沉深度大于 3 m 的采煤沉陷湿地）得到最大限度的保存。模拟的目的是分析采煤沉陷湿地得到最大化保留所产生的长期生态效应。湿地生态保护情景的设置是基于趋势发展情景的结果，降低湿地向农用地、未利用地和建设用地转化的概率，并保持趋势发展情景中其他地类转化为湿地的概率。调整后的土地利用转移概率矩阵如表 5-8 所示。

表 5-8　湿地生态保护情景下土地利用转移概率矩阵（单位：%）

类型	湿地	农用地	林地	草地	未利用地	建设用地
湿地	87.40	5.22	1.61	0.72	1.21	3.83
农用地	2.91	88.23	0.99	0.34	1.04	6.50
林地	3.38	10.92	62.02	16.60	1.17	5.90
草地	0.00	0.88	12.44	75.08	8.29	3.31
未利用地	26.90	19.16	2.84	6.75	10.94	33.40
建设用地	1.33	2.49	0.76	0.46	1.60	93.37

5.5.2　湿地生态保护情景模拟结果

湿地生态保护情景是反映湿地生态利用优先下淮北市湿地的演化情况，模拟结果显示，2034 年淮北市湿地面积达 211.27 km²，比 2018 年湿地面积增长了 48.05 km²，占市域面积的比重增至 7.71%（表 5-9）。这一模拟结果高于趋势发展情景 16.76 km²，是湿地面积最大的模拟情景（图 5-9）。该情景下 2034 年采煤沉陷湿地的规模达到 105 km²，成为淮北市最大的湿地类型。河流型湿地面积增加了 2.71 km²，达到 95.45 km²，与趋势发展情景的模拟结果相近。该情景下模拟结果显示

2034年农用池塘面积达到 5.59 km², 是农用池塘唯一增长的情景。水库面积、城市人工景观水面与娱乐水面面积变化较小, 2034年的模拟结果为 4.83 km²、0.41 km²。其他地类方面, 湿地生态保护情景下农用地面积为 1637.55 km², 比 2018年减少了9.9%, 低于趋势发展情景的模拟结果。林地和草地的结果与趋势发展情景一致。未利用地面积为 40.18 km², 比 2018年增长了 17.72 km², 高于快速城镇化情景和农田恢复情景。该情景下建设用地增长了 96.80 km², 达到 707.68 km² [图 5-10 (a)]。

表 5-9　湿地生态保护情景下 2034年的淮北市湿地转化 (单位: km²)

土地利用类型	面积	土地利用结构	湿地转入面积*	湿地转出面积**
湿地	211.27	7.71%	142.65	0
农用地	1637.55	59.73%	52.83	8.53
林地	65.56	2.39%	1.63	2.63
草地	79.16	2.89%	0.00	1.17
未利用地	40.18	1.47%	6.04	1.98
建设用地	707.68	25.81%	8.13	6.26

注: *模拟期间其他地类转化为湿地的面积; **模拟期间湿地转化为其他地类的面积。

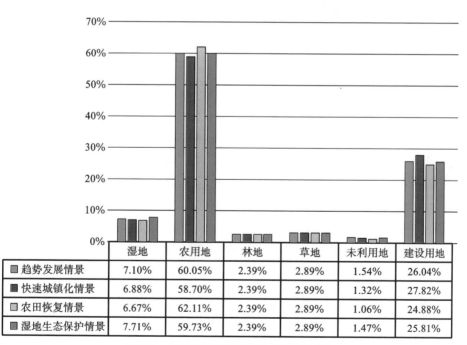

	湿地	农用地	林地	草地	未利用地	建设用地
■ 趋势发展情景	7.10%	60.05%	2.39%	2.89%	1.54%	26.04%
■ 快速城镇化情景	6.88%	58.70%	2.39%	2.89%	1.32%	27.82%
■ 农田恢复情景	6.67%	62.11%	2.39%	2.89%	1.06%	24.88%
■ 湿地生态保护情景	7.71%	59.73%	2.39%	2.89%	1.47%	25.81%

图 5-9　各情景模拟结果的土地利用结构对比

湿地生态保护情景模拟中共 20.57 km² 的湿地转化为其他用地类型，也是湿地转出面积最小的情景［图 5-10 (b)］。模拟结果中，湿地减少总量的 41.47% 转化为农用地，30.43% 转化为建设用地，两者是湿地生态保护情景中湿地转出的主要方向。湿地转化为未利用地的面积为 1.98 km²，占湿地减少总量的 9.63%。此外，湿地转化为林地和草地的面积与趋势发展情景一致，占湿地减少总量的 18.47%。依据式 (3-4) 和式 (3-5)，时段层次湿地的转入强度值 G_{tj} 和转出强度值 L_{ti} 分别为 2.03% 和 0.79%，表明湿地生态保护情景下湿地的转化强度最低。

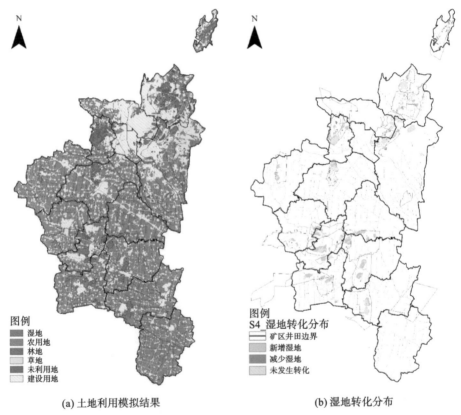

(a) 土地利用模拟结果   (b) 湿地转化分布

图 5-10 湿地生态保护情景下 2034 年的淮北市土地利用模拟结果和湿地转化分布

湿地生态保护情景下各地区的湿地均呈增长趋势。随着煤炭开采的重点地区向南部的临涣矿区转移，2018—2034 年临涣矿区涉及的六个城镇中湿地的净增加面积为 31.62 km²，高于其他情景模拟结果。其中，新增湿地面积为 41.68 km²，减少湿地面积为 10.06 km²。百善镇、铁佛镇和刘桥镇中新增湿地面积达 11.98 km²，减少湿地面积为 6.31 km²，净增加湿地面积为 5.67 km²。北部市区的杜集区、相山区和烈山区范围内该情景中净增加湿地面积 9.44 km²，其中新增湿地面积 12.80 km²，而减少湿地面积为 3.36 km²，表明北部市区湿地转化为其他地类的概率较低。非矿区的濉溪镇和双堆集镇净增加湿地面积为 1.31 km²，转化规模较小。

6

淮北市湿地景观生态安全

动态评价

依据景观生态学的基本原理，景观结构决定着生态系统的功能，而生态系统功能的演化最终也将体现在景观结构的变化中。在干扰因素的影响下，湿地的景观结构不断发生变化，当变化程度超过临界值后，会引起生态功能的退化甚至丧失。因而，通过评价生态安全格局来反映湿地生态系统健康的方法，在湿地调查研究中越来越受到重视。此外，随着景观演化模拟预测方法的成熟，基于情景模拟结果的湿地景观生态安全评价已经成为湿地生态安全预警和规划方案筛选的重要依据[176]。前文对淮北市湿地在不同发展情景中的演化进行了模拟分析，本章的主要目的是构建湿地景观生态安全评价模型，以揭示淮北市湿地在景观尺度上的生态安全变化趋势，并对比分析不同土地利用情景对湿地景观生态安全的影响。本章首先利用 PSR 模型构建了符合黄淮东部地区煤炭资源型城市湿地景观演化特征的评价指标体系；其次对淮北市 2002 年和 2018 年湿地景观生态安全进行了动态评价，反映了淮北市湿地景观生态安全的变化过程；最后对趋势发展情景、快速城镇化情景、农田恢复情景和湿地生态保护情景的湿地景观生态安全进行了预测分析，为湿地生态保护、景观格局优化和生态规划提供支撑。

6.1 湿地景观生态安全评价的基本内容

景观生态安全评价（landscape ecological security evolution）的提出是生态安全理论与景观生态学的结合，扩展了生态安全理论的内涵与研究方法。景观生态安全评价聚焦于土地利用变化导致的区域生态环境问题，并在景观尺度上构建评价指标体系和评价模型，以此判断区域生态系统的安全水平，实现对区域生态系统安全的预警。湿地景观生态安全评价步骤主要包括设定评价目标、构建评价模型、计算指标数据和分析评价结果（图 6-1）。

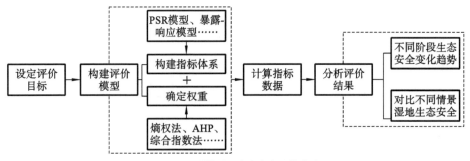

图 6-1　湿地景观生态安全评价步骤

6.2　湿地景观生态安全评价指标体系构建

6.2.1　指标体系的构建框架与原则

1. 指标体系构建框架

景观尺度的湿地生态安全评价方法目前尚处于不断完善的阶段。相关指标体系的构建方法不尽相同，但大多是在较为成熟的指标模型的基础上，结合具体研究目的进行优化调整。当前应用最为广泛的指标模型为 PSR 模型。

20 世纪 80 年代，联合国经济合作与发展组织以及联合国环境规划署（United Nations Environment Programme, UNEP）在评估世界环境状况时应用了 PSR 模型，而后该模型被广泛引入环境研究领域并展现出良好的实用性，已经成为当前各国在评价生态环境中常用的指标模型。在 PSR 模型中，压力影响着生态系统状态的改变，而生态系统状态的变化又推动了管理机制的调整和完善（图 6-2）。至今，PSR 模型及其衍生的驱动力–压力–状态–影响–响应（driving-pressure-state-impact-response, DPSIR）模型被广泛应用于不同尺度的湿地生态安全评价中。我国《湖泊生态安全调查与评估技术指南》基于 DPSIR 模型，从经济社会影响、水生态健康、生态服务功能和调控管理四个方面选取了 45 项子指标用于综合评价湖泊生态安全水平。Shi 等利用 PSR 模型构建了适宜滨海滩涂湿地生态安全评价的指标体系 [177]。苗承玉在对图们江流域湿地生态安全评价中结合 PSR 模型建立了适宜流域尺度湿地生态安全分析的指标体系。廖柳文等在对环长株潭城市群地区湿地生态安全评价中基于 PSR 模型构建了适用于快速城市化地区湿地生态安全评价的指标体系[178]。如前文所述，在黄淮东部地区煤炭资源型城市中，湿地的景观演化及其驱动力有着显著的特殊性，但目前尚缺少具有针对性的湿地景观生态安全评价指标体系。

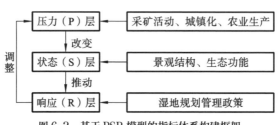

图 6-2 基于 PSR 模型的指标体系构建框架

2. 指标体系构建的原则

在 PSR 模型中，压力层指标用于表征人类经济、社会活动对生态系统的影响程度，因此所选取的指标必须能够代表影响该地区生态系统演化的主要干扰因素。在景观生态安全评价中，通常采用与土地利用变化紧密相关的经济、社会发展指数构建压力层指标，如城镇化率、土地复垦率和人口空间分布密度等。状态层指标主要是用于反映压力影响下生态环境的状态特征。状态层指标主要采用能够体现景观结构和功能的指数，如破碎化指数、NDVI 指数、生态服务价值指数和生态敏感性指数等[179]。响应层指标主要反映在生态系统发生变化后相关管理机制的应对方式，常用的指标包括生态保护等级、限制开发强度等级等。景观生态安全评价指标体系构建的原则主要如下。

①导向性。湿地景观生态安全评价与其他专题湿地评价的目的不同，评价的结果可反映景观尺度上湿地资源的整体安全性，以便于制订湿地保护和开发的整体目标及策略。评价结果能够为协调湿地与其他地类的平衡发展提供科学依据。

②代表性。指标体系的建立必须能够反映所研究湿地自身及所面临干扰的特殊性。

③科学性。选取的指标要有明确的指标含义与生态学意义。

④可操作性。选取的指标应可定量化，以计算景观生态安全指数。

本章对湿地景观生态安全的评价是基于情景模拟的结果，选取的指标应能体现模拟结果的特征。

6.2.2　湿地景观生态安全评价指标体系

在遵循上述指标选取原则的基础上，可从目标层、系统层、要素层和指标层四个层次构建湿地景观生态安全评价指标体系。目标层为评价的最终结果，即湿地景观生态安全水平。系统层由压力、状态和响应系统构成，分别反映湿地的压力负荷、生态系统现状和调控管理政策的响应。要素层由土地利用变化压力、景观结构状态、生态功能状态和湿地保护政策响应组成。指标层则依据文献统计和专家咨询的方法选取 7 项子指标。最终构建的适宜黄淮东部地区煤炭资源型城市湿地景观生态安全评价的指标体系见表 6-1。

表 6-1　黄淮东部地区煤炭资源型城市湿地景观生态安全评价的指标体系

系统层	要素层	指标层	计算函数	说明
压力	土地利用变化压力	开采沉陷干扰强度	$M=A_{\mathrm{m}}/A_{t+1}$	A_{m} 为一定时期内因开采沉陷增加的湿地面积，A_{t+1} 为末期湿地总面积
		建设用地干扰强度	$U=A_{\mathrm{c}}/A_{t}$	A_{c} 为一定时期内湿地转化为建设用地的面积，A_{t} 为初期湿地总面积
		土地复垦干扰强度	$F=A_{\mathrm{f}}/A_{t}$	A_{f} 为一定时期内湿地转化为农用地的面积
状态	景观结构状态	河网安全格局指数	$RS=a\cdot DR+b\cdot WP+c\cdot CR+d\cdot SR$	指标含义见表 6-2；a、b、c、d 为权重系数，通过层次分析法计算
		湖库安全格局指数	$LS=(0.4PD+0.4PAFRAC+0.2CONNECT)\times PL$	PD 为斑块密度指数，PAFRAC 为周长-面积分维数指数，CONNECT 为连接度指数，PL 为湖泊形态的湿地占市域面积比重
	生态功能状态	生态系统服务值	$ESV=\sum\limits_{i=1}^{n}x_{i}\times w_{i}$	x_{i} 为 i 类湿地的面积；w_{i} 为 i 类湿地的生态系统服务价值量系数
响应	湿地保护政策响应	湿地管理水平指数	采用 AHP 层次分析法量化反映淮北市湿地保护与发展措施的实施水平与生态效应	

1. 压力层指标

在压力层中，采用了开采沉陷干扰强度、建设用地干扰强度和土地复垦干扰强度三项子指标，分别表征采矿活动、城镇化发展和农用地复垦对湿地景观生态安全性的影响。压力层指标的观测值与湿地景观生态安全指数具有负相关性，主要依据各年份土地利用分类结果和情景模拟结果进行计算。开采沉陷干扰强度即一定时期内新增采煤沉陷湿地的规模与末期湿地总面积的比值，反映了一定时期内开采沉陷对湿地面积变化的作用强度。如前文所述，在开采沉陷的作用下，湿地景观格局具有显著的不稳定性，局部地区内开采沉陷率越大，湿地景观生态安全性通常就越低。建设用地干扰强度是一定时期内转化为建设用地的湿地面积占初期湿地面积的比重。建设用地的扩展容易造成湿地的萎缩并增加湿地的转化强度。此外，建设用地的扩展导致地表不透水比率增加，极大地改变了湿地的水文循环过程。土地复垦干扰强度是转化为农用地的湿地面积与初期湿地面积的比值。淮北市 30 年间湿地转化的结果表明，向农用地的转化是湿地减少的主要方式，土地复垦率的提高必然对采煤沉陷湿地形成二次干扰。

2. 状态层指标

状态层选取了河网安全格局指数和湖库安全格局指数表征湿地的景观结构状态[180]，同时采用生态系统服务价值定量反映湿地生态功能的状态。

为了详细体现不同形态特征湿地的景观结构状态，可将淮北市湿地归纳为河网型与湖库型两类，其中河网型包括自然河流与人工运河、水渠[181]，湖库型包括采煤沉陷湿地、水库、农用池塘和城市景观水面[182]。河网安全格局指数通过河网密度 DR、水面率 WP、河网复杂度 CR 和河网稳定度 SR_i 四项子指标进行定量描述[183]，计算方法见表 6-2。河网密度为各类河流水渠的总长度与研究范围面积的比值，单位为 km/ km²。通常河网密度越大，区域内水系调蓄能力越强，河流的景观结构越稳定。水面率是指河流水域面积与研究范围面积的比值。水面率反映了区域河网中水资源情况，水面率越高则发生转化的概率越低，河网的景观结构越稳定。河网复杂程度是河流分支比与长度比的综合，其值越高说明主河流的支流水系发达程度越高。淮北市大部分地势平坦且人工渠比重大，河流之间的汇入关系复杂且不规律。因此，该指数计算时主要依据河道宽度进行河网分级。河道宽度超过 60 m 的为一级，

$30 \sim 60\ m$ 的为二级，$30\ m$ 以下的为三级。河网稳定度为不同阶段河流长度和面积的比值，反映了河道长度与面积变化的一致性。本书在咨询了 6 名景观生态学和水文学方面的专家意见的基础上，采用 AHP 层次分析法计算了各项子指标的权重系数。结果显示 a、b、c 和 d 分别为 0.1428、0.0863、0.2641 和 0.5068。

表 6-2　河网安全格局指数计算指标

指标	计算函数	说明
河网密度	$DR=L_R/A$	L_R 为河流总长度，A 为研究范围总面积
水面率	$WP=A_w/A$	A_w 为河流水域面积
河网复杂度	$CR=N_c \times (L_R/L_m)$	N_c 为河流等级，L_R 为河流总长度，L_m 为主干河流长度
河网稳定度	$SR_t=(L_t/RA_t)/(L_{t-n}/RA_{t-n})$	$n>0$，$t>n$；L_t 和 L_{t-n} 为 t 阶段与 $t-n$ 阶段河道总长度；RA_t 和 RA_{t-n} 为 t 阶段与 $t-n$ 阶段河道总面积

（资料来源：许有鹏 . 长江三角洲地区城市化对流域水系与水文过程的影响 [M]. 北京：科学出版社，2012）

　　黄淮东部地区煤炭资源型城市由于受到开采沉陷的影响，湖库型湿地的不稳定性普遍高于河网型湿地。湖库安全格局指数主要通过景观格局指数评价法获得，可采用类型水平的斑块密度指数 PD、周长 – 面积分维数指数 PAFRAC 和连接度指数 CONNECT 三项景观格局指数进行计算 [184]。PD 反映了湖泊的景观破碎化程度，PAFRAC 反映了湖泊斑块形状的稳定性，CONNECT 反映了湖泊的结构连接度，函数表达式见表 3-8。PD 越高，表明湖库型湿地受到的人为干扰强度越大，景观生态安全性越低，而 PAFRAC 和 CONNECT 越高，湖库安全格局指数越高。

　　生态系统服务是指人类能够从生态系统的演化中直接或间接获取的生命支持产品与服务。生态系统服务是供给服务、调节服务、支持服务和文化服务的综合。不同的土地利用类型提供的生态系统服务有着显著的差异，其中，湿地在水资源供给、水文调节、生物多样性乃至景观美学等方面发挥着不可替代的作用。然而，在人类生产、生活的不断影响下，湿地的构成不断发生变化，进而影响其生态系统产品与服务的提供能力 [185]。生态系统服务价值评估是量化反映生态系统服务水平的方法，目前主要包括价值量计算与物质量计算两种方法。价值量可以通过土地利用类型面积和生态系统服务价值量系数进行计算，函数表达式如表 6-1 所示 [186]。较高的生态系统服务价值通常代表着湿地景观生态安全性较高，两者呈正相关关系。中国科学院谢高地等人在 Costanza（1997 年）研究的基础上采用专家问卷调查的方法，形成了适合我国具体国情的生态系统服务价值量系数。本章参考其最新研究成果，设定河网的生态系统服务价值量系数为 125.61，湖库的生态系统服务价值量系数为 52.02[187, 188]。

3. 响应层指标

响应层指标反映了湿地调控和管理政策的实施效应。在黄淮东部地区煤炭资源型城市中，政策的制定与实施水平影响着湿地的景观生态安全水平。在《淮北市湿地发展与保护规划（2017—2030）》中，湿地的管理措施主要包括湿地生态恢复工程、湿地生态保护工程、湿地公园建设工程和湿地生态产业园建设工程四项措施。湿地生态恢复工程是指通过采取湿地的生态修复措施，对发生生态退化的自然河流、人工水渠及采煤沉陷湿地等湿地资源进行水质的改善、水文环境的优化和生境功能的提升，从而恢复湿地的生态服务功能。湿地生态保护工程是指开展对湿地资源的全面调查和监测，划定湿地生态保护红线，从而建立湿地的保护机制并完善相关的法规建设。湿地公园建设工程是通过"退耕还湿"和利用采煤沉陷湿地建设湿地公园的措施建立具有不同功能的湿地公园，以达到提升城市湿地资源总量和平衡区域生态环境的目的。湿地生态产业园建设工程主要是以湿地资源的开发利用为目的，利用距市区较远的采煤沉陷湿地建设以生态农业为主要利用方式的生态产业园。

《淮北市湿地发展与保护规划（2017—2030）》在吸取了以往经验的基础上，结合当前湿地发展的实际需求，提出了规划期内的具体目标。相关措施在实践中对保护和开发湿地资源发挥了重要作用。本章采用 AHP 层次分析法，通过对 5 名长期从事淮北市湿地保护工作的人员和专家进行咨询，计算 2002 年、2018 年和 2034 年不同发展情景下的淮北市湿地管理水平指数（表 6-3）。结果表明，2034 年的湿地生态保护情景下湿地的管理水平最优，而 2002 年的湿地管理水平最差。

表 6-3   淮北市湿地管理水平指数

湿地保护与发展措施	实施时间与情景					
	2002 年	2018 年	趋势发展情景	快速城镇化情景	农田恢复情景	湿地生态保护情景
湿地生态恢复工程	0.0099	0.0378	0.0728	0.0087	0.0031	0.2446
湿地生态保护工程	0.0034	0.0106	0.0163	0.0218	0.0135	0.0453
湿地公园建设工程	0.0057	0.075	0.1385	0.047	0.0054	0.1135
湿地生态产业园建设工程	0.0166	0.0169	0.0331	0.005	0.0292	0.0262
湿地管理水平指数	**0.0356**	**0.1403**	**0.2606**	**0.0826**	**0.0512**	**0.4296**

6.3   湿地景观生态安全评价模型构建

1. 评价模型的构建

基于评价指标体系，本章采用多标准评价法（multi-criteria evaluation, MCE）建立了适宜黄淮东部地区煤炭资源型城市的湿地景观生态安全评价模型 [式 (6-1)]。在模型计算中，首先依据上述各指标的计算方法，进行单因子评价。为了消除数据性质和量纲对各指标的影响，可采用极差法对各指标的计算结果进行无量纲化处理。与湿地景观生态安全呈正相关关系的指标采用式（6-2），呈负相关关系的指标采用式（6-3）。

$$\text{LESI} = \sum_{i=1}^{n} x_i' \times w_i \tag{6-1}$$

式中：LESI——湿地景观生态安全指数；

x_i'——指标层各指标值归一化的结果；

w_i——各指标的权重。

$$x_i' = \frac{x_i - x_{\min}}{x_{\max} - x_{\min}} \tag{6-2}$$

$$y_i' = \frac{y_{\max} - y_i}{y_{\max} - y_{\min}} \tag{6-3}$$

式中：x_i'——指标层正相关指标归一化结果；

x_i——指标层正相关指标观测值；

$x_{\min}$——最小观测值；

$x_{\max}$——最大观测值；

y'_i——指标层负相关指标归一化结果；

y_i——指标层负相关指标观测值；

$y_{\min}$——最小观测值；

$y_{\max}$——最大观测值。

参照我国《湖泊生态安全调查与评估技术指南》并结合黄淮东部地区煤炭资源型城市湿地的实际情况，可将湿地景观生态安全水平划分为安全、较安全、预警、中度预警和重度预警五个等级[189]（表6-4）。

表6-4　湿地景观生态安全等级划分

安全等级	等级值域	状况描述
Ⅰ（安全）	0.8~1.0	湿地景观格局呈稳定的周期性变化，生态功能完善，与经济-社会协调发展，湿地受到整体保护
Ⅱ（较安全）	0.6~0.8	湿地景观格局较为稳定，生态功能一定程度受损，但具有自我修复能力，重点湿地受到良好保护
Ⅲ（预警）	0.4~0.6	湿地景观格局稳定性低，生态功能出现退化，生态系统发生逆向演替，湿地保护水平低
Ⅳ（中度预警）	0.2~0.4	湿地景观格局发生显著变化，丧失部分生态功能，生态状况快速恶化，湿地未能得到有效保护
Ⅴ（重度预警）	0.0~0.2	湿地景观格局剧烈变化，生态功能严重退化，难以支撑地区经济-社会的发展，生态修复难度大

2. 指标权重的确定

在多属性问题的决策中，权重系数计算方法对评价结果有着重要影响。由于赋权的依据不同，权重系数的计算方法可以分为主观赋权法和客观赋权法。主观赋权法是依据相关专家的主观经验进行判断，广泛应用的包括 AHP 层次分析法、Delphi 法等，其优点是能够更好地反映指标自身的重要性[190]，但评价结果不可避免地存在随机性。客观赋权法是依据指标的自身信息判断其有效性，采用熵值法、主成分分析法和模糊权重法等数学模型计算指标权重，此类方法能够更好地体现评价结果的差异性。客观赋权法受指标数值影响显著，计算结果并不稳定。因此，湿地景观生态安全评价采用了主客观权重组合的方法，其中主观权重通过 AHP 层次分析法计算，客观权重则利用熵值法计算，最后将主观权重与客观权重进行综合，从而得到组合权重值。组合权重 w_i 的计算采用乘法合成的方式［式（6-4）］。湿地景观生态安全评价模型层次分析法、熵值法和组合权重见表 6-5。

$$w_j = \frac{p_j g_j}{\sum_{j=1}^{m} p_j g_j} \tag{6-4}$$

式中：p_j——层次分析法权重；

g_j——熵值法权重；

w_j——组合权重。

表 6-5　湿地景观生态安全评价模型层次分析法、熵值法和组合权重

指标	层次分析法权重	熵值法权重	组合权重
开采沉陷干扰强度权重	0.1503	0.1869	0.2156
建设用地干扰强度权重	0.0810	0.1151	0.0715
土地复垦干扰强度权重	0.0369	0.1507	0.0427
河网安全格局指数权重	0.2484	0.1250	0.2383
湖库安全格局指数权重	0.4028	0.1067	0.3299
生态系统服务价值权重	0.0262	0.1372	0.0276
湿地管理水平指数权重	0.0544	0.1784	0.0745

6.4　淮北市湿地景观生态安全变化

基于已构建的湿地景观生态安全评价指标体系，本章先分析了 2002 年、2018 年和 2034 年各情景中湿地景观生态安全系统层的评价结果，从而反映湿地的压力、状态和响应的变化机制；再综合各系统层的评价结果，计算了淮北市不同时期和不同发展情景的湿地景观生态安全指数（LESI）。注意：为了方便表述，本章分别用 S1、S2、S3、S4 代表淮北市 2034 年趋势发展情景、快速城镇化情景、农田恢复情景、湿地生态保护情景下的湿地景观生态安全系统层的评价结果。

6.4.1 压力层指标变化分析

开采沉陷干扰强度指数计算结果（图6-3）表明：2002年开采沉陷干扰强度较大，高于2018年，说明煤炭资源型城市在成熟期时，开采沉陷对湿地景观演化的作用强度较高，而随着城市进入衰退期，开采沉陷的作用开始减弱。整体上，2034年各情景的开采沉陷干扰强度较2018年会有不同程度的增加，这主要是南部临涣矿区持续开发造成的。同时，不同发展情景的开采沉陷干扰强度并不一致，在湿地生态保护情景中，各类湿地得到最大限度的保留，转化为其他地类的概率减小，因此开采沉陷干扰强度明显高于其他三类情景。农田恢复情景中，由于采煤沉陷湿地向农用地转化概率较高，开采沉陷干扰强度指数低于其他情景。

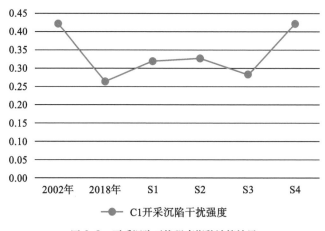

图6-3　开采沉陷干扰强度指数计算结果

建设用地干扰强度指数计算结果（图6-4）显示：2002年的建设用地干扰强度为0.0876，高于2018年，反映出建设用地扩展对于湿地景观演化的干扰效应呈轻微下降趋势。在2034年各情景中，除快速城镇化情景外，其他情景的建设用地干扰强度均低于2018年，其中湿地生态保护情景最低。快速城镇化情景的结果为0.1502，远高于2002年和2018年。这表明，如果建设用地面积增加25%，湿地景观受到建设用地的干扰强度将大幅增加，显著影响未来湿地的景观生态安全。

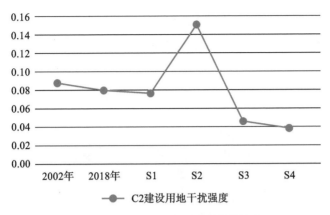

图 6-4 建设用地干扰强度指数计算结果

土地复垦干扰强度指数计算结果（图 6-5）表明：2018 年土地复垦强度值为 0.1948，高于 2002 年，说明衰退期淮北市土地复垦对湿地的影响程度高于成熟期。在 2034 年，由于湿地转化为农用地的概率高于其他情景，因此农田恢复情景的土地复垦干扰强度值最大，为 0.2251。这一结果表明，当淮北市工矿废弃地土地复垦率达到 60% 后，湿地受到的土地复垦干扰强度将高于 2018 年。但依照其他发展情景，土地复垦干扰强度则较 2018 年有不同程度的降低，其中湿地生态保护情景最低。

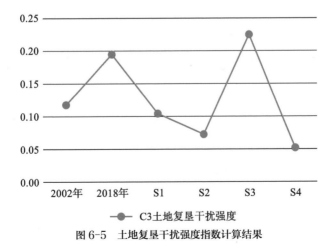

图 6-5 土地复垦干扰强度指数计算结果

压力层中的三项指标与湿地景观生态安全呈负相关。压力指数是在对压力层各指标进行归一化并加权计算后得到的结果，指数值越小，湿地面临的压力越大。如图 6-6 所示，2002 年湿地景观生态安全面临的压力水平最大，说明成熟期煤炭资源型城市湿地受到的干扰强度最高。随着城市进入衰退期，压力水平整体呈下降趋势。

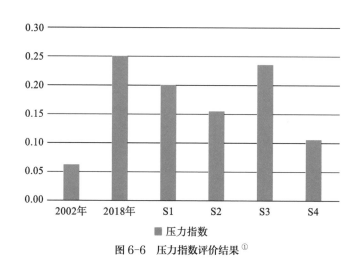

图 6-6　压力指数评价结果 [①]

各情景中的压力指数并不是仅保留某一种压力的结果，例如快速城镇化情景中，压力指数的结果是在趋势发展情景的基础上增大了建设用地干扰强度，但同样也具有开采沉陷干扰和土地复垦干扰。因此，各情景的压力指数评价结果的对比反映了何种情景下干扰因素的叠加强度最高。在 2034 年的四个情景中，湿地景观生态安全面临的压力水平有较大差异。趋势发展情景的压力指数评价结果表明，延续当前发展模式下的淮北市湿地面临的压力水平将出现上升趋势，不利于湿地生态安全格局的保护。快速城镇化情景的压力水平高于趋势发展情景，表明城镇建设用地的快速扩张会使各类干扰因素的叠加强度明显提高。农田恢复情景的压力水平低于趋势发展情景，是 2034 年各情景中压力水平最低的，表明土地复垦率的提高能够降低各类干扰因素的叠加强度。各发展情景中压力水平最大的为湿地生态保护情景，表明最

---

① 图中数值为归一化处理后结果，压力指数值越小表示压力越大。

大限度地保留采煤沉陷湿地会使得各类干扰因素的叠加强度达到最大，该情景中湿地面临的生态风险也最高。

6.4.2 状态层指标变化分析

河网安全格局指数计算结果（图 6-7）表明：2002—2018 年，河网安全格局指数从 0.15 提高至 0.94。其中，2018 年淮北市河网密度、水面率、河网复杂度和河网稳定度较 2002 年都有所增加。淮北市市域内自然河流资源并不丰富，随着人工水渠的不断修建，地表水系的结构不断调整，河网安全格局得到优化。2034 年的各情景中河网安全格局状态均低于 2018 年，其中湿地生态保护情景较高，为 0.59。其次为快速城镇化情景，农田恢复情景和趋势发展情景较低。通过对比四项子指标可以发现，2034 年各情景的河网密度、河网复杂度和河网稳定度均低于 2018 年，而水面率均高于 2018 年。

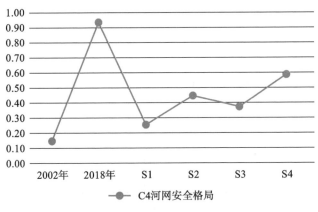

图 6-7 河网安全格局指数计算结果

湖库安全格局指数计算结果（图 6-8）表明：2002—2018 年，淮北市湖库型湿地的安全格局状态呈恶化趋势，湖库安全格局指数从 1.33 下降为 0.01。对比各项子指标可以发现，至 2018 年由于采煤沉陷湿地范围的扩大，湖库型湿地占市域面积的比重从 1.87% 上升至 2.57%。与此同时，湖库型湿地的破碎化程度从 0.10 上升至 0.14，反映出淮北市湖库型湿地具有破碎化增长的特征。周长 - 面积分维数指数从 1.38 下降至 1.28，连接度从 1.53 下降至 0.93，反映出湖库型湿地在衰退期的脆弱性较高。2034 年趋势发展情景中湖库安全格局指数有明显的改善，上升至 2.04。相对于趋势发展情景，湿地生态保护情景和农田恢复情景的湖库安全格局指数更高，表明两种发展模式下湖库型湿地景观格局得到不同程度的优化。快速城镇化情景中湖库安全格局指数低于趋势发展情景，表明建设用地的快速增长会增加湖库湿地景观格局的脆弱性。

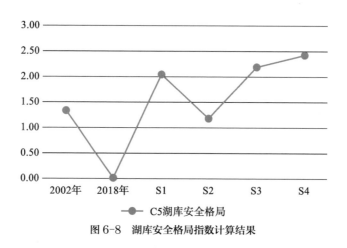

图 6-8　湖库安全格局指数计算结果

生态系统服务价值指数计算结果（图 6-9）表明： 2002—2018 年，淮北市湿地的生态系统服务价值指数呈增长的趋势，从 14710.40 增至 15316.03。这主要是一系

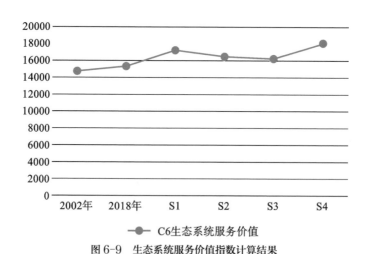

图 6-9　生态系统服务价值指数计算结果

列湿地生态修复工程实施的结果。相对 2018 年，2034 年各情景的湿地生态系统服务价值整体呈上升的趋势，其中湿地生态保护情景最高，其次为趋势发展情景，快速城镇化情景和农田恢复情景相对较低。

随着湿地生态修复工程的实施，2002—2018 年，淮北市湿地的状态指数呈上升的趋势（图 6-10）。2034 年各情景的状态指数均高于 2018 年。其中趋势发展情景的状态指数较 2018 年有明显的提高，表明当前的发展模式下湿地的景观结构状态和生态功能状态将有所改善。湿地生态保护情景和农田恢复情景的状态指数高于趋势发展情景，对比各子指标可以发现两种情景中河网安全格局指数与湖库安全格局指数较趋势发展情景有所提高，反映出提高土地复垦率或最大限度地保留湿地能够进一步优化湿地的景观结构。快速城镇化情景的状态指数低于趋势发展情景，主要是由于湖库安全格局指数和生态系统服务价值指数均低于趋势发展情景。这一结果也意味着，在城镇建设用地的快速扩张影响下，淮北市湿地的景观结构状态和生态功能状态更为脆弱。

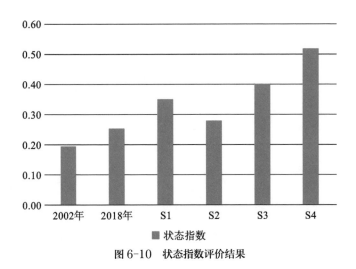

图 6-10　状态指数评价结果

6.4.3　响应层指标变化分析

响应指数评价结果（图 6-11）显示：2018 年淮北市湿地的管理水平较 2002 年

有显著的提高。2034 年的湿地生态保护情景和趋势发展情景的湿地管理水平高于2018 年。然而快速城镇化情景和农田恢复情景则由于优先保障建设用地和农用地的需求，湿地管理水平指数低于趋势发展情景。在评价过程中发现当前淮北市湿地的管理水平存在显著的区域性差异。中心城区范围内的湿地保护政策相对健全且实施水平更高，其中河流型湿地受到城市蓝线规划的保护，大量城市周边的采煤沉陷湿地也进行了生态恢复并成为重要的城市绿地斑块。然而分布于农村地区的湿地资源受到的政策保护水平普遍较低，相关政策仍处于不断完善的阶段。随着采矿活动的扩散和城镇化水平的提高，涵盖市域的湿地保护措施亟待实施。

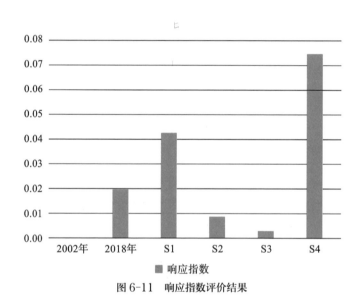

图 6-11　响应指数评价结果

6.4.4　湿地景观生态安全变化分析

结合压力层、状态层和响应层的各指标计算结果，可通过式（6-1）计算淮北市2002 年、2018 年和 2034 年不同情景的湿地景观生态安全指数（图 6-12）。结果显示：2002—2018 年，淮北市湿地景观生态安全指数从 0.26 上升至 0.52。在 2034 年趋势发展情景中湿地景观生态安全指数达到 0.59，呈连续上升的趋势。在农田恢复情景和湿地生态保护情景中，淮北市湿地的景观生态安全指数有显著的提高，分别达到0.64 和 0.69。快速城镇化情景的湿地景观生态安全指数低于趋势发展情景，为 0.44。

各情景的评价结果的差异性表明，未来不同的土地利用模式对湿地景观生态安全的影响有着显著的差异。

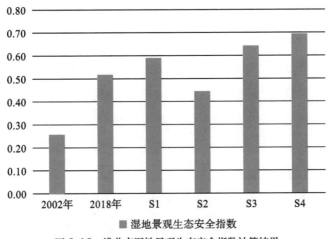

图 6-12 淮北市湿地景观生态安全指数计算结果

趋势发展情景是对当前发展模式的延续，也是其他情景模拟的基础，代表着湿地景观生态安全变化的基本趋势。与 2018 年评价结果相比，趋势发展情景的湿地景观生态安全值呈连续上升的趋势，这表明当前的发展模式下湿地景观生态安全性将得到持续改善，但至 2034 年仍将处于Ⅲ级（预警等级）。根据指标层的评价结果可以发现，趋势发展情景中开采沉陷对湿地的干扰强度将会增加，同时河网安全格局状态出现恶化的风险，而其他各项指标均有不同程度的改善。结合土地利用变化的模拟结果可知，在当前发展模式下，南部临涣矿区的资源开发将不可避免地加剧局部地区湿地面临的生态压力。此外，趋势发展情景的土地利用模拟结果显示，在多种干扰因素的作用下，淮北市的河流长度和水面率将出现缩减并导致河网安全格局的脆弱性升高。因此，控制采矿活动对湿地的干扰强度及建立对全市河流的保护机制，是未来完善湿地规划管理的重点。

与趋势发展情景相比，快速城镇化情景突出反映了城镇建设用地快速扩张下湿地景观生态安全水平的变化。该情景中淮北市湿地景观生态安全仍处于Ⅲ级预警等级，但湿地景观生态安全指数低于趋势发展情景和 2018 年水平。这表明建设用地的快速增长将使湿地景观生态安全出现恶化。与趋势发展情景相比，快速城镇化情景中各类干扰的叠加强度大幅增加，湿地的景观结构状态和生态功能状态也明显恶化。综合目标层与系统层指标的评价结果，湿地景观生态安全与建设用地扩展速度呈负相关，且敏感性最高。因此，遏制建设用地的过快增长是保障湿地生态环境可持续发展的重要基础。

农田恢复情景是在趋势发展情景的基础上，重点反映了提高土地复垦水平对湿地景观生态安全的影响。评价结果显示，农田恢复情景下淮北市湿地的景观生态安全等级上升至Ⅱ级（较安全等级），高于趋势发展情景。这说明土地复垦率与湿地景观生态安全性并不一定呈负相关，适当提高采煤沉陷湿地的复垦率，有助于优化湿地整体的景观生态安全水平。

湿地生态保护情景是模拟2018年后新增永久性湿地得到最大限度保留的发展模式，重点反映采煤沉陷湿地最大化情况下的淮北市湿地整体景观生态安全水平的变化。结果表明，该情景下淮北市湿地景观生态安全水平上升至Ⅱ级（较安全等级）且高于其他发展情景。这一结果表明转变采煤沉陷湿地的利用方式对优化市域湿地景观格局具有积极作用。

6.5　淮北市湿地景观生态安全的地区差异

前文对淮北市2002年、2018年及2034年各情景的湿地景观生态安全进行了对比分析，评价结果反映了在多种因素的干扰下湿地景观生态安全的变化过程与发展趋势。为了进一步分析局部地区湿地景观生态安全的差异性，可采用第6.2节构建的湿地景观生态安全评价模型对淮北市14个城镇的湿地景观生态安全进行定量评价[191]。压力层和状态层各指标的计算方法如表6-1所示，在计算LESI时设置没有湖库型湿地城镇的LS指数的归一化结果为1，即安全。此外，由于各城镇中没有独立的湿地规划与管理政策，因此，响应层指标即湿地管理水平指数仍采用各年份中全市的评价结果（表6-3）。据此，可定量评价淮北市各城镇不同时期和不同发展情景湿地景观生态安全的空间差异情况。

6.5.1 各地区湿地景观生态安全的变化

2002 年，淮北市湿地的景观生态安全为中度预警等级。各城镇的 LESI 评价结果中仅四铺镇达到安全等级，临涣镇、韩村镇和双堆集镇达到较安全等级。五沟镇、孙疃镇、烈山区、杜集区、刘桥镇、铁佛镇和濉溪镇 7 个城镇为预警等级，相山区、百善镇和南坪镇 3 个城镇为中度预警等级，无重度预警城镇〔图 6-13（a）〕。2018 年淮北市湿地景观生态安全为预警等级。其中 LESI 评价结果达到安全等级的城镇 1 个，较安全等级城镇 3 个，预警等级城镇 6 个，中度预警等级城镇 3 个，重度预警等级城镇 1 个〔图 6-13（b）〕。对比两个时期的评价结果发现，湿地景观生态安全等级出现下降的城镇包括：韩村镇（较安全→中度预警）、孙疃镇（预警→中度预警）、

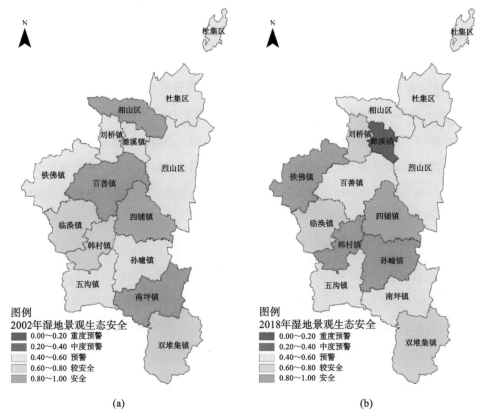

(a)   (b)

图 6-13　2002 年和 2018 年淮北市各城镇湿地景观生态安全空间分布情况

铁佛镇（预警→中度预警）、濉溪镇（预警→重度预警）。湿地景观生态安全等级出现上升的包括刘桥镇（预警→较安全）、相山区（中度预警→预警）、百善镇（中度预警→预警）和南坪镇（中度预警→预警）。其他 6 个城镇的湿地景观生态安全等级保持不变。

湿地景观生态安全等级出现下降的评价单元中，韩村镇的 LESI 指数从 2002 年的 0.65 下降至 2018 年的 0.34，下降程度最为显著。韩村镇位于淮北市中部地区，是临涣矿区重点开发地区，煤田面积占全镇的 64%。受采煤沉陷湿地形成的影响，2002—2018 年，韩村镇的湿地面积由 5.02 km^2 增长至 9.8 km^2。综合对比两个时期压力指数和状态指数及其子指标可以发现，韩村镇湿地面临的生态压力水平出现了明显的增加，主要为开采沉陷干扰强度和土地复垦强度大幅增加导致（图 6-14）。同时，由于湖库型湿地的结构发生了明显变化，韩村镇湿地的状态指数也呈下降趋势（图 6-15）。评价结果显示，南部临涣矿区的开发对韩村镇湿地的景观生态安全影响最大。

孙疃镇位于淮北市中部，为市域内浍河的下游地区，2002 年湿地面积为 7.71 km^2，2018 年达到 9.61 km^2。孙疃镇境内煤炭资源丰富，煤田面积占全镇的 46.35%。2002—2018 年，孙疃镇湿地的 LESI 指数由 0.53 下降为 0.39，从预警等级变化为中度预警等级。系统层指标的评价结果表明，孙疃镇湿地面临的压力水平呈上升趋势，在其影响下状态指数出现下降。指标层各指数的变化与韩村镇相似，开采沉陷干扰强度显著增加和湖库湿地安全格局指数显著下降，共同导致了孙疃镇湿地景观生态安全等级的变化。

铁佛镇处于淮北市西部，是沱河与浍河的上游地区，境内分布有卧龙湖煤矿，煤田面积占全镇的 10.1%。2002—2018 年，铁佛镇湿地面积增长了 17%。2002 年铁佛镇的 LESI 指数为 0.4，至 2018 年下降为 0.36。其间湿地的响应指数有所增加，而压力指数和状态指数略微下降（图 6-14、图 6-15），表明铁佛镇湿地的生态压力水平有所增加且状态轻微受损。通过对比指标层各指数的结果可以发现，铁佛镇湿地压力水平上升主要是开采沉陷干扰强度和土地复垦干扰强度共同增加作用的结果。状态指数的变化主要为采煤沉陷湿地的剧烈变化导致。总体而言，韩村镇、孙疃镇和铁佛镇等湿地景观生态安全等级变化的地区都是受煤炭资源开发影响较大的。

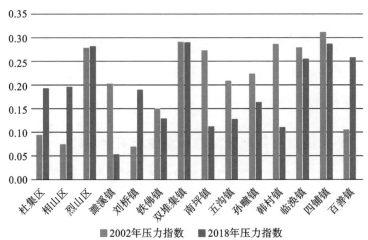

图 6-14　2002 年和 2018 年淮北市各城镇压力指数评价结果

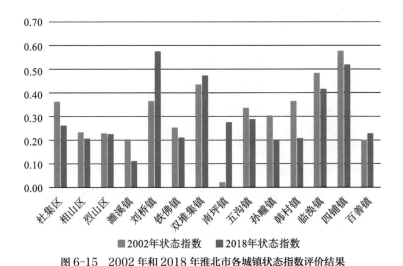

图 6-15　2002 年和 2018 年淮北市各城镇状态指数评价结果

　　濉溪镇为濉溪县中心城区，建设用地占全镇的 63%，北部与相山区相连，东部与烈山区的杨庄矿相接。2002—2018 年，濉溪镇的湿地景观生态安全等级从预警等级变化为重度预警等级，LESI 指数分别为 0.41 和 0.19。2018 年除响应指数较 2002

年有所增加外，压力指数和状态指数都呈下降的趋势。其中，2002年开采沉陷干扰强度较高，至2018年后逐步下降，而城镇化干扰强度明显增加。在这两个时期，濉溪镇土地复垦的干扰强度相对较低。状态指数评价结果表明濉溪镇的河网安全格局指数、湖库安全格局指数与生态系统服务价值指数均出现不同程度的下降，其中湖库安全格局指数下降最大。总体而言，濉溪镇湿地景观生态安全等级的下降受建设用地扩张的影响更为显著。

6.5.2　不同情景下各地区湿地景观生态安全对比

为了揭示不同发展情景下淮北市各城镇湿地景观生态安全影响的差异，可基于2034年趋势发展情景、快速城镇化情景、农田恢复情景和湿地生态保护情景的湿地景观演化模拟结果，评价各城镇在不同情景下的湿地景观生态安全等级，并对差异较大的城镇进行重点分析，为湿地的差异化管理提供依据。

1. 不同情景下各城镇湿地景观生态安全等级的差异

在趋势发展情景下，各城镇LESI的计算结果：达到Ⅰ级（安全等级）的城镇有1个，达到较安全等级的城镇有2个，达到预警等级的城镇有8个，达到中度预警等级的城镇有3个，无重度预警城镇〔图6-16（a）〕。在快速城镇化情景下，达到安全等级的城镇为1个，达到较安全等级的城镇为2个，达到预警等级的城镇为6个，达到中度预警等级的城镇为4个，达到重度预警等级的城镇为1个〔图6-16（b）〕。在农田恢复情景下，有1个安全等级城镇，4个较安全等级城镇，6个预警等级城镇，3个中度预警等级城镇，无重度预警等级城镇〔图6-16（c）〕。在湿地生态保护情景下，有2个安全等级城镇，2个较安全等级城镇，8个预警等级城镇，2个中度预警等级城镇，无重度预警等级城镇〔图6-16（d）〕。

综合淮北市各城镇湿地景观生态安全评价结果（表6-6），湿地生态保护情景下达到安全等级的城镇数量最多，且重度预警的城镇数量最少，这说明了湿地生态保护情景下淮北市湿地景观生态安全性较好。快速城镇化情景下达到中度预警和重度预警的城镇数量最多，说明快速城镇化情景下淮北市湿地景观生态安全性最差，湿地景观的风险最高。这与淮北市湿地整体景观生态安全评价的结果基本是一致的。

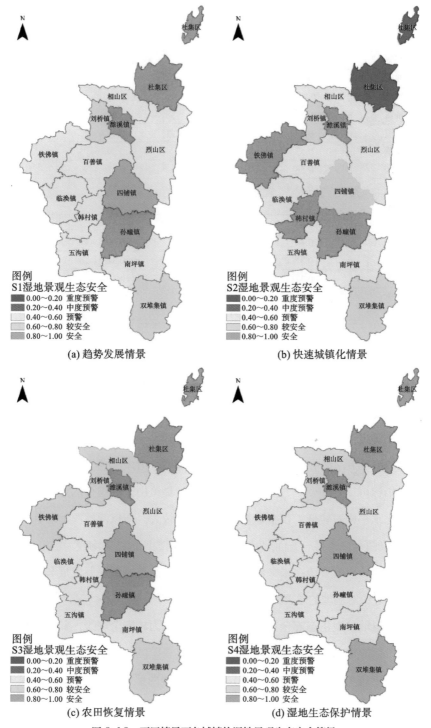

图 6-16　不同情景下各城镇的湿地景观生态安全等级

表6-6 淮北市各城镇湿地景观生态安全评价结果

城镇名称	S1	S2	S3	S4
四铺镇	0.83	0.799	0.81	0.86
双堆集镇	0.796	0.76	0.60	0.82
刘桥镇	0.68	0.65	0.63	0.67
百善镇	0.49	0.50	0.46	0.57
五沟镇	0.53	0.48	0.50	0.59
相山区	0.55	0.46	0.62	0.62
烈山区	0.44	0.45	0.51	0.58
南坪镇	0.51	0.43	0.44	0.51
临涣镇	0.43	0.40	0.45	0.43
铁佛镇	0.44	0.39	0.60	0.49
濉溪镇	0.31	0.30	0.31	0.35
孙疃镇	0.35	0.33	0.39	0.42
韩村镇	0.40	0.28	0.41	0.42
杜集区	0.27	0.17	0.32	0.37

2. 不同情景下湿地景观生态安全较为稳定的城镇

对比四个情景下各城镇湿地景观生态安全评价的结果发现，四铺镇、双堆集镇和刘桥镇湿地的 LESI 计算结果均在较安全等级及以上。四铺镇仅在快速城镇化情景中为较安全等级，其他情景中均达到安全等级。双堆集镇位于淮北市最南部，在湿地生态保护情景下湿地 LESI 评价结果达到安全等级，在其他情景下为较安全等级。分析各子指标可以发现：一方面，四铺镇和双堆集镇中无大规模的煤炭资源开采，同时城镇化水平相对较低，仅土地复垦干扰强度较大，所以两地湿地面临的生态压力水平较低(图6-17)；另一方面，两地湿地的状态指数评价结果均较为稳定(图6-18)。因此，四铺镇和双堆集镇在未来湿地生态规划中应注重协调农业发展与湿地的生态安全保护，避免对湿地的过度开发。

刘桥镇湿地景观生态安全指数在四个情景下均为较安全等级，其中趋势发展情景下最高，而农田恢复情景下最低。刘桥镇是濉萧矿区的重点开采地区，镇域内含煤面积比例达到41.26%。长期的煤炭资源开发使得西部形成了大面积的采煤沉陷湿地，至2018年刘桥镇湿地总面积达到11.14 km²。除开采沉陷干扰强度较大外，随着部分片区实现稳沉，刘桥镇也成为土地复垦的重点地区。湿地向农用地的转化规模呈增长的趋势。因此，刘桥镇的采煤沉陷湿地具有高转化率的特征。受此影响，刘桥镇的土地复垦干扰强度高于其他城镇，在农田恢复情景中干扰因素的叠加效应达到最大，导致该情景中湿地 LESI 指数最低。所以，对采煤沉陷湿地的复垦进行优化是刘桥镇保障湿地景观生态安全的重要方面。

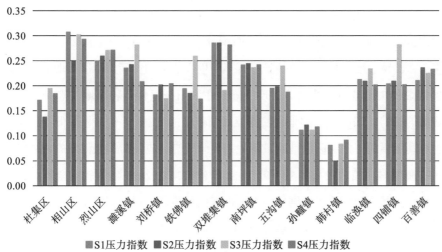

图 6-17　不同情景下各城镇压力指数

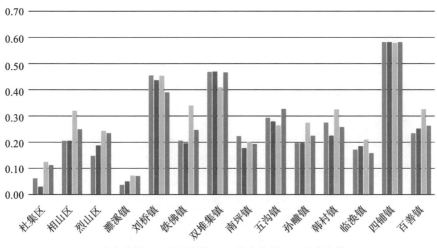

图 6-18　不同情景下各城镇状态指数

此外，五沟镇、南坪镇、百善镇、烈山区和临涣镇的湿地在四个情景下 LESI 评价结果均稳定为预警等级。五沟镇和南坪镇位于淮北市南部地区，相较于 2018 年，四个情景下湿地面积都呈上升趋势，其中农田恢复情景下增加幅度相对较小，在湿地生态保护情景下最大。两镇的湿地在快速城镇化情景下的 LESI 评价结果最低，表明两个地区湿地的景观生态安全对城镇建设用地扩张的影响更为敏感。因此协调城镇化发展和湿地的生态安全格局的关系是两个地区湿地管理规划的重点。百善镇和烈山区都在濉萧矿区范围内，煤田面积分别约占全镇的 32% 和 27%。依据模拟结果，百善镇湿地面积在四个情景下有不同程度的增加，而烈山区湿地面积在趋势发展情景和快速城镇化情景下出现下降，在农田恢复情景和湿地生态保护情景下呈增加的趋势。烈山区的湿地在趋势发展情景下的 LESI 评价结果最低，说明当前的土地利用模式下烈山区湿地的景观生态风险较高，应及时调整湿地的规划管理策略。临涣镇湿地趋势发展情景下的 LESI 评价结果由 2018 年的较安全等级下降为预警等级，其他情景的评价结果中农田恢复情景最高，快速城镇化情景最低，湿地生态保护情景与趋势发展情景持平（表 6-6）。随着南部临涣矿区成为淮北市煤炭资源开发的主要矿区，各情景的预计结果普遍表明临涣镇湿地的生态压力水平将逐步增加，四个情景的压力水平均高于 2018 年。其中湿地生态保护情景由于最大限度地保留采煤沉陷湿地，压力水平最大（图 6-17）。临涣镇中采煤沉陷湿地的快速形成使得局部地区湿地的景观格局发生显著变化，湿地的状态指数均出现下降，其中农田恢复情景状态指数下降程度最小。因此，在煤炭资源进一步开发的同时，控制开采沉陷率并及时进行土地复垦，是减缓临涣镇湿地景观生态安全等级恶化的有效措施。

濉溪镇在四个情景下的 LESI 评价结果均稳定为中度预警等级，其中趋势发展情景、快速城镇化情景和农田恢复情景的评价结果接近。进入衰退期后，濉溪镇湿地受开采沉陷和土地复垦的干扰强度大幅降低。2018 年濉溪镇建设用地比率已较大，建设用地进一步增长的空间有限，因此，三个情景下湿地的压力指数和状态指数差异较小。湿地生态保护情景由于限制了湿地与建设用地的转化，因而建设用地干扰强度略低于上述三个情景。总体而言，濉溪镇湿地规模较小，受到的外部干扰因素单一，采取严格的限制开发措施是保障湿地景观生态安全的重点。

3. 不同情景下湿地景观生态安全差异较大的城镇

相山区和杜集区位于淮北市北部，是城镇化程度最高的评价单元，也是濉萧矿区的主要开采地区，所以两个城区的湿地受到的干扰十分复杂，具有城镇化和煤炭资源开采都较强的特征。在不同情景下，湿地景观生态安全评价结果具有明显的差异。长期的煤炭资源开采造成相山区东部形成了大量的采煤沉陷湿地，随着地表沉陷过程的结束，部分采煤沉陷湿地被改造为城市湿地公园，是淮北市实施湿地生态修复工程的重点地区。因此，在趋势发展情景下相山区湿地的压力水平下降，LESI 结果呈上升趋势，但仍然处于预警等级。相山区湿地的 LESI 指数在湿地生态保护情景下上升为较安全等级，表明最大限度地保留采煤沉陷湿地对相山区湿地的景观格局与生态服务功能具有优化作用。在快速城镇化情景下，相山区湿地的 LESI 指数低于其他情景。压力层方面，该情景下建设用地干扰强度较高，导致整体压力水平高于其他情景（图 6-17）。湿地的状态指数与趋势发展情景一致，相对农田恢复情景和湿地生态保护情景具有一定的脆弱性（图 6-18）。因此，避免城镇化对湿地的影响是相山区湿地规划和管理的重点。

杜集区湿地景观生态安全在四个情景下均呈下降的趋势，在快速城镇化情景下下降为重度预警等级，在其他情景下为中度预警等级。杜集区是淮北市闸河、龙岱河的上游地区，随着采煤沉陷湿地的形成，区域内湿地面积持续扩大。至 2018 年，杜集区湿地面积达到 24.12 km²，其中 73% 为采煤沉陷湿地。根据沉陷预计结果，杜集区局部采煤沉陷湿地的规模将进一步扩大，持续影响杜集区的湿地景观生态安全。压力层的评价结果显示，快速城镇化情景下杜集区的开采沉陷干扰强度和建设用地干扰强度高于其他情景，湖库安全格局水平显著低于其他情景。总体上，建设用地的扩张容易对杜集区当前采煤沉陷湿地的规模和空间分布产生较大的生态压力，并增强湿地的脆弱性。

铁佛镇湿地景观生态安全在四个情景下的差异最大，等级最高的为农田恢复情景，其次为湿地生态保护情景和趋势发展情景，最低的为快速城镇化情景。对比各情景压力层面的评价结果，农田恢复情景下最终新增采煤沉陷湿地规模最小，使得该情景下铁佛镇湿地的压力水平最低。同时由于湿地转化为农用地的概率较高，该情景下采煤沉陷湿地具有集中增长的特征，破碎化程度较低且连接度高，所以该情景下湿地的状态指数高于其他情景。铁佛镇的评价结果表明，适当增加采煤沉陷湿地的复垦量对优化局部地区湿地的景观生态安全等级具有积极作用。

韩村镇湿地 LESI 评价结果在快速城镇化情景下为中度预警等级，其他三个情景下均为预警等级且 LESI 指数高于 2018 年评价结果。依据模拟结果，韩村镇湿地将有较大幅度的增加，从 2018 年的 9.8 km² 增加至 2034 年趋势发展情景下的 17.51 km²，增长最多的为湿地生态保护情景，将达到 20.01 km²。此外，韩村镇是临涣矿区的核心工业区，工矿用地比重大，且整体城镇化速度高于周边城镇。压力层的结果显示，韩村镇湿地的生态压力在四个情景下均呈上升趋势，其中，开采沉陷干扰强度增幅最大。受建设用地干扰强度上升的影响，快速城镇化情景下湿地的压力水平最高。状态指数方面，由于湖库湿地生态安全格局的差异，快速城镇化情景下湿地状态指数最低。趋势发展情景和湿地生态保护情景下湿地的 LESI 指数高于 2018 年，主要是响应指数较高。因此，加强对韩村镇湿地变化的监测和管理，是降低该地区湿地生态风险的重要保障。

孙疃镇湿地 LESI 评价结果除在湿地生态保护情景下为预警等级外，其他情景下都处于中度预警等级，与 2018 年评价结果一致。孙疃镇是临涣矿区煤炭资源开发潜力较大的城镇，根据沉陷预计，地区内将形成大量的沉陷积水区。在趋势发展情景下，至 2034 年孙疃镇的湿地规模将是 2018 年的 1.73 倍。整体上，在趋势发展情景和快速城镇化情景下孙疃镇湿地 LESI 指数低于 2018 年，而农田恢复情景和湿地生态保护情景的评价结果高于 2018 年。压力指数方面，四个情景的压力水平较 2018 年有不同程度的增加，其中农田恢复情景的压力水平最高。状态指数方面，农田恢复情景中湿地增长的面积最小，状态指数评价结果显著高于其他情景。综合各情景评价结果，尽可能减少开采沉陷对湿地的干扰强度，同时适时对采煤沉陷湿地进行复垦，降低湿地景观演化的不稳定性，有助于防止该地区湿地的景观生态安全快速恶化。

分析各城镇评价结果的目的在于揭示淮北市局部地区湿地生态安全等级的差异性，为湿地的生态修复指明重点地区，并区分局部地区湿地面临的干扰机制差异和脆弱程度差异。但需要说明的是，因为各地区承担的主体功能不同，所以在一定时期内，并不是所有城镇湿地都可以提高至较安全等级及以上，同时局部地区湿地景观生态安全的简单叠加也并不意味着市域内湿地整体的景观生态安全。在协调经济与社会发展的基础上，湿地生态规划应以提升淮北市湿地整体的景观生态安全为最终目的。

湿地景观生态安全预警与调控

湿地景观格局演化对于区域整体生态系统的稳定有着重要影响。在预测湿地景观生态安全水平变化趋势的基础上，提前发现潜在的生态风险并提出预警，对保障湿地的可持续发展具有重要作用。同时，建立预警机制能够为编制湿地生态规划提供信息反馈和决策依据，对于完善湿地生态规划体系具有重要意义。本章首先从预警的目的及预警机制的构建准则和主要功能三个方面阐释了湿地景观生态安全预警的基本内涵；其次从预警触发、警情分析和预警反馈三个方面构建了湿地景观生态安全预警机制；最后以淮北市为例，从整体调控策略、具体调控措施两个层次提出了调控对策。

7.1 湿地景观生态安全预警内涵

7.1.1 湿地景观生态安全预警的目的

1.湿地景观生态安全预警的定义

预警机制不仅是对组织系统状态的判定，同时依据反馈控制原理提出调控措施，从而为修正组织系统的演化过程提供科学依据（图7-1）。综合国内湿地生态安全的研究可以发现，土地利用变化是导致湿地面积持续萎缩和生态功能大幅度退化的重要因素[192]。在黄淮东部地区煤炭资源型城市中，湿地受到采矿活动、城镇化增长以及农田复垦等多重因素的干扰，这一问题更为尖锐。因此建立湿地景观生态安全预警机制有利于更好地应对因土地利用变化而产生的湿地生态风险问题。生态安全预警的分析方法可以分为定性分析和定量分析，而定量分析依据采用指标的不同可以分为关键指标的变化分析、多种指标的统计分析和综合指数分析。本书就采用了综合指数分析法来进行湿地景观生态安全评价。

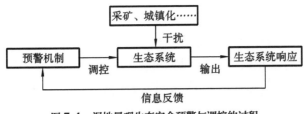

图 7-1 湿地景观生态安全预警与调控的过程

2. 湿地景观生态安全预警的目标

结合湿地的景观演化特征，黄淮东部地区煤炭资源型城市的景观生态安全预警的目标包括如下。

①对土地利用变化导致的湿地景观生态安全变化进行现状示警，从而反馈湿地生态规划实施的生态效应。

②依据不同的经济、社会发展模式，对不同土地利用情景下土地利用演化可能导致的湿地景观生态安全变化进行多情景预警，从而为规划方案的决策提供模拟验证。

③为调控对策的制订提供依据。

7.1.2　湿地景观生态安全预警机制的构建准则

1. 预警目标的针对性

生态安全预警机制的建立首先应当明确预警对象的特征，有针对性地设置预警目标[193]。由于生态系统格局与过程相互作用的复杂性，目前还无法通过一种评价方法对所有潜在生态风险进行预警。实践表明，过于宽泛的预警目标只能降低预警的准确性和科学性。黄淮东部地区煤炭资源型城市湿地具有典型的地域性特征。不同于其他地区资源型城市或该地区其他类型城市，这些城市长期以资源开发为主导产业，对土地利用高强度的干扰是加剧湿地生态风险的主要干扰来源，因而需要建立针对湿地景观生态安全的预警机制。同时，与其他生态用地相比，黄淮东部地区煤炭资源型城市中，因开采沉陷而形成的采煤沉陷湿地使得湿地具有显著的动态性和脆弱性，是影响区域生态安全格局的关键要素，因此，需要针对湿地建立景观生态安全预警机制。

2. 预警分析的综合性

预警的目标应具有针对性，而对于警源和警情的分析应具有综合性。在黄淮东部地区煤炭资源型城市中，引起土地利用变化的因素涉及自然、经济-社会和政策等多个方面，不同干扰因子的作用强度也处于不断衰退或增强的变化过程之中。单因素的评价分析过程不能充分反映湿地景观生态安全的变化过程与趋势，必须对多种干扰因子、湿地自身的状态等进行综合分析，从而保障预警结果的实用性和科学性。

3. 预警过程的动态性

黄淮东部地区煤炭资源型城市的湿地景观格局处于快速演化的动态过程中，且随着经济、社会的发展，湿地的干扰机制也在不断发生变化。因此湿地景观生态安全的预警过程应是一个动态的过程，需要不断根据干扰机制的变化来调整预警过程的参数，从而对现状和未来一定时期内湿地景观生态安全水平的变化趋势进行准确的判断。应根据预警结果主动地抑制干扰因素，控制人类活动对湿地生态安全格局的干扰强度，保障湿地的景观生态安全。

4. 预警系统的协调性

预警系统是一个包含明确预警目标、研判警源和警情、区分警度并提出应对策略的多环节运作程序。其中预警目标发挥着统领作用，预警分析具有基础作用，应对策略具有指导作用。在预警系统的设计和操作中，必须确保各个环节紧密相关、预警目标贯穿始终，并确保应对策略的科学性。此外，预警系统的操作需要与现有的国家级、省级湿地保护规划政策相互协调，在保护湿地景观生态安全的同时，合理开发利用湿地，保障预警结果的可实施性。

5. 调控对策的层次性

调控对策是湿地景观生态安全预警的最终结果，是为优化湿地生态安全格局提供一个系统性的应对方案。在煤炭资源型城市中，湿地景观生态安全的警情变化既具有区域尺度上的共同性，也具有局部地区的差异性，需要综合不同层面的问题，建立从整体调控策略到具体调控措施的多层次调控对策体系，以控制或消除湿地所面临的生态风险。

7.1.3 湿地景观生态安全预警机制的主要功能

1. 对湿地景观生态安全进行动态监测

评估不同发展时期湿地景观生态安全是预警机制的重要内容，能够动态监测不同社会、经济发展条件下湿地景观格局的响应。国务院颁布的《湿地保护修复制度方案》明确提出要"健全湿地监测评价体系"。湿地景观生态安全等级的变化并不是一个无规律的随机变化过程，而是在各类因素的推动下呈连续变化的特征。跟踪湿地景观生态安全的变化轨迹，能够帮助我们更好地掌握当前的等级状态和变化趋势，是制订湿地生态保护策略及选择调控措施的关键依据[194]。第6章基于PSR模型构建了湿地景观生态安全评价指标体系和评价模型，为监测湿地景观格局变化提供了方法。需要说明的是，由于研究对象的时空尺度特征和地域性差异，任何一种监测评估方法都存在一定的适用范围，只有在满足其条件时才能够科学地反映研究问题的特征。本书所采用的评价指标体系和评价模型是在充分分析黄淮东部地区煤炭资源型城市湿地景观演化特征的基础上建立的，评价的主要目的是反映土地利用变化对湿地的影响，具有明显的主题尺度效应。在其他地区湿地的景观生态安全评价中，则需要进一步优化和调整。

此外，监测和评估需要长期不断地进行，监测时间应尽可能选择降水条件相似的月份，避免季节性水文差异对评价结果的影响。鉴于本书主要分析区域尺度上的湿地景观演化，评价监测的周期应在3年以上且避免干旱和洪涝等异常年份。若监测间隔时间过短，则评价结果差异性不显著，对生态调控的指导意义不大。

2. 识别和分析导致湿地景观生态安全变化的驱动因素

主导驱动因素的识别是警情分析的重要内容。主导驱动因素能够反映湿地警情变化与人类经济、社会活动之间的关系。调整经济、社会与政策，对湿地景观演化过程进行控制，是实现湿地预警调控的主要途径，因此驱动因素的识别和分析对预警调控具有重要的指导意义[195]。同时，驱动因素分析也是建立湿地景观生态安全评价指标体系和进行趋势情景模拟的重要依据。多情景模拟是在分析主要驱动力的基础上，设置湿地可能出现的多种变化趋势。本书以淮北市为例，利用Logistic回归模型重点分析了导致湿地景观生态安全变化的主导驱动因素。在多情景模拟中，基于采矿活动、城镇化和土地复垦三项主要驱动力对湿地的影响强度设置指标，分别探讨了不同情景下湿地景观格局及景观生态安全性的变化，为煤炭资源型城市湿地景观生态安全的预警调控提供了重要决策依据。

与景观生态安全评价方法一样，驱动力的分析也具有明显的尺度效应。影响湿地景观生态安全的因素众多，涉及自然、经济、社会、政策、区位乃至文化和科技发展水平等因素，各项因素又包含大量的指示指标，因而驱动因子的选择是驱动力分析的基础和难点。一个科学的驱动力分析需要在明确的主题尺度、时间尺度和空间尺度下，通过大量的实践调查和文献研究途径进行筛选构建。目前国内外对于黄淮东部地区煤炭资源型城市湿地景观演化驱动力的研究并不完善，需要开展更多不同尺度的对比研究，以更好地为这一特殊环境中湿地的保护提供指导。

3. 预测湿地景观生态安全变化趋势

基于对湿地景观演化过程的分析和主导驱动因子变化的识别，能够对未来一定时期湿地景观演化趋势进行预测，进而结合评价模型，对湿地景观生态安全水平变化进行评价，从而对潜在的风险进行警示，这是预警机制的核心功能。现状的湿地景观生态安全评价能够指示当前湿地的状态并为当前湿地生态规划提供反馈，但这一模式并未摆脱"先破坏，后治理"的被动局面，造成湿地严重受损，后期湿地生态修复资金投入大、修复技术难和修复比例低等问题，不符合《中华人民共和国环境保护法》中"预防为主、防治结合"的基本原则。然而，预测方法的成熟和预警机制的建立可为湿地生态问题的预防提供依据。

基于对以往湿地景观演化过程与驱动力的分析，本书能够模拟当前经济、社会、政策条件下湿地景观生态安全的变化结果。但人类对湿地的干扰过程并不总是保持不变，随着经济发展模式的转型和规划管理等政策条件的改变，湿地的景观变化也将有多种发展趋势，因此需要进行多情景的模拟预警。

4. 为完善湿地生态规划体系提供支持

湿地的转化是区域生态系统整体演化的结果，仅加强对湿地的保护管理并不能够从根本上防止湿地的生态安全受到威胁。湿地应与其他土地利用类型的发展进行整体的协调。尽管多数煤炭资源型城市初步建立了地方性的湿地规划管理体系，但普遍存在与土地利用总体规划、矿产资源开发规划、城市总体规划等相关规划衔接不足，甚至相互矛盾的问题。离散的规划管理体系加之湿地立法保障的严重不足，使得各地湿地保护规划的实施效率较低。形成这一问题的重要原因是缺少以保障湿地景观生态安全为目的的、统一的规划决策机制。针对煤炭资源型城市湿地的问题，可建立湿地景观生态安全预警机制，为涉及湿地保护的各项空间规划和资源开发规划等提供统一的规划反馈机制，从而促进各项规划的融合，完善湿地的生态规划体系。此外，在湿地保护制度建设方面，应设立一个跨部门、多边协作的预警管理平台，统筹各类空间规划的决策与修订，完善湿地生态修复的应对机制，反馈实施的结果。

7.2 湿地景观生态安全预警机制构建

设计与构建一套严密的预警运行机制是预警实施的前提和实现预警目的的保障。预警包括识别警兆、寻找警源、确立警情和预报警度四个部分[196]，其中，识别警兆即判断当前状态是否达到触发预警的条件，寻找警源和确立警情的过程是对警情及其成因进行定量分析和甄别的过程，预报警度是制订应对策略的重要依据。依据预警的目的和准则，可将预警机制的运行过程归纳为预警触发、警情分析和预警反馈三个模块（图7-2）。各模块之间下一部分以上一部分的输出结果为依据，从而实现层层递进的关系。预警触发模块是预警机制运行的前提，警情分析模块是预警机制的核心，而预警反馈模块是预警机制的输出结果。

7.2.1 湿地景观生态安全的预警触发

湿地景观生态安全预警触发条件的设置是预警机制运行的首要环节。根据黄淮东部地区煤炭资源型城市湿地景观演化的特殊性、预警机制的目的和准则，预警触发是通过对当前湿地景观生态安全水平及其与以往变化过程进行对比分析得到的，即先利用多期遥感数据提取湿地景观格局信息并模拟演化过程，基于地理信息系统建立定期更新的湿地景观演化监测数据库；再利用湿地景观生态安全评价模型对湿地的不同阶段进行动态评价。依据评价结果，若当前湿地的LESI指数处于较安全等

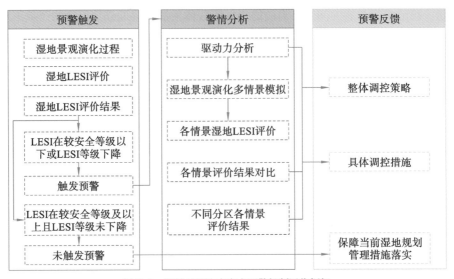

图 7-2　湿地景观生态安全预警机制运作框架

级以下，即判定为触发预警，进入警情分析模块；若 LESI 指数出现等级下降，表明湿地受到的干扰强度在增加，也判定为触发预警[197]。但如果当前 LESI 指数处于较安全等级及以上，且未出现等级下降，说明湿地景观格局处于良好水平，且在无新的干扰因素的情况下处于正向演替的过程，具有良好的稳定性和自我修复能力。这一情况下则判定为未触发预警，反映出当前的湿地生态规划与管理措施能够保障湿地的景观生态安全，预警过程直接进入预警反馈模块并根据评价结果的变化趋势提出反馈对策。

　　以淮北市为例，2002—2018 年，淮北市湿地景观生态安全水平有明显的改善，但仍处于Ⅲ级（预警等级）。因此，目前淮北市湿地景观生态安全达到预警触发标准，应当结合警情分析模块做进一步的定量分析，从而给出调控对策。预警触发模块是整个预警机制运行的基础，需要持续、不断地收集数据和监测评估，而警情分析模块只有在警情被触发的时候才启动，是一个间断的过程。

7.2.2　湿地景观生态安全的警情分析

　　警情分析模块是对湿地景观生态安全水平变化的分析预测环节。警情分析模块包括驱动力分析、情景模拟分析、模拟结果评价、评价结果对比四个步骤，评价结果对比包括整体景观生态安全水平的对比和局部景观生态安全水平的对比两个部分。生态安全的变化是相对的，并不存在绝对的安全状态，建立预警机制的目的是保障湿地生态系统的演化处于动态平衡的状态。因此，预警程度的诊断是对生态安全评价结果进行时间维度和空间维度上对比的结果。

预警机制触发表明在当前自然、经济、社会和政策因素的综合作用下，湿地景观格局难以维持自身稳定，极易出现逆向演替的变化。在警情分析模块，首先，对导致湿地景观演化的驱动因素进行识别，判别当前警情的成因；其次，基于驱动力的分析结果和预测模型，进行湿地景观演化的多情景模拟，并结合景观生态安全评价模型，量化评价趋势发展情景与其他情景下湿地景观生态安全水平；最后，依据评价结果，判断主导驱动因素变化下可能导致的生态风险及时空差异。

煤炭资源型城市具有周期性发展规律，在城市发展的不同阶段，其经济和社会因素对湿地的干扰方式也具有明显的阶段性特征。因此，警情分析模块需要结合煤炭资源型城市的阶段性发展特征，不断对模块中情景的设置进行优化，保障警情分析结果的时效性。在成长型城市中，资源产业初步形成且城镇化率增长缓慢，对湿地的影响程度较低。湿地的景观演化主要受气候变化和传统农业生产等因素的影响，转化强度较低。因此，趋势发展情景能够很好地反映湿地景观生态安全性的变化。对于成熟型城市，随着大规模的资源开发和城镇化进程的加快，土地利用变化的强度快速上升，湿地受到的干扰强度明显增强。因此，在情景模拟下应重点分析趋势发展情景和快速城镇化情景下湿地景观生态安全性的变化。对于衰退型城市，资源开发的强度降低，城市经济的增长进入转型发展阶段。这一时期采煤沉陷湿地规模达到最大，面临如何进行修复的问题。因此，在情景模拟下应进行多种修复方式的模拟，除进行趋势发展情景、快速城镇化情景模拟外，应增加农田恢复情景和湿地生态保护情景的模拟，为湿地修复提供决策依据。对于再生型城市，资源产业逐步消失，城市经济实现转型发展，重新带动城镇化率的增长，采煤沉陷湿地停止扩展。该类城市应重点模拟趋势发展情景和快速城镇化情景。

对淮北市湿地景观生态安全的警情分析反映出采矿活动、城镇化和农业生产是影响湿地景观生态安全的主要警源。对淮北市湿地景观演化的预测和景观生态安全的评估结果显示，随着湿地保护和修复政策的调整和实施，当前趋势下湿地景观生态安全水平将得到进一步提升。同时适当提高湿地的土地复垦率和保留部分永久性湿地也具有提高湿地景观生态安全水平的作用。但城镇化进程的加快将对湿地形成显著的威胁，城镇化进程是未来调控的重点。对淮北市湿地景观生态安全系统的警情分析为预警反馈明确了调控目标和重点。

7.2.3　湿地景观生态安全的预警反馈

预警是组织系统的一种信息反馈机制。警情分析模块中的景观演化预测和景观生态安全评价，能够更好地帮助我们了解黄淮东部地区煤炭资源型城市特殊环境下湿地的景观结构与功能变化。基于分析结果，制订相应的生态调控对策，从而保障湿地生态功能的完整性和稳定性，是预警机制由理论分析向实践应用转化的重要步骤。预警反馈是警情分析结果在生态调控措施中的延续，以湿地景观生态安全水平为主要反馈内容。

调控对策是通过调整和完善相关政策法规，限制或消除不利的干扰因素、优化景观要素的空间格局，以起到提高景观生态安全水平的作用。在湿地管理制度中，规划是以现行的湿地管理法规为依据，对湿地生态的保护、修复与可持续利用做出中长期或阶段性的统筹安排，是实施各项湿地保护工程的总体计划，具有重要的引领和控制作用。此外，本章主要分析土地利用变化导致的湿地景观生态安全问题，反馈的对象为湿地生态规划。

依据《湿地保护管理规定》的要求，当前我国已初步建立了国家级和省级的宏观保护规划、市县级的总体规划和湿地景观生态设计三个层级的湿地生态规划体系（图7-3）。国家级和省级的宏观保护规划是以流域尺度的湿地资源调查评估作为依据，对全国和省域的湿地资源保护做出全面部署与系统安排，同时明确重要湿地保护工程和保护内容。市县级的总体规划则是覆盖了区域内的重要湿地和一般湿地。这一层级的规划已形成以国土空间规划为导控、以湿地保护专项规划为主体的规划体系。国家级和省级的宏观规划、市县级的总体规划都是面向区域湿地的整体调控策略，而湿地景观生态设计则是具有明确对象和边界的具体调控措施。湿地景观生态设计是对规划政策的落实，是具体湿地斑块的详细性方案设计。本章所建立的湿地景观生态安全预警机制主要是对当前市县级的总体规划和湿地景观生态设计实施效应的评估与反馈。第7.3和7.4节分别从整体调控策略和具体调控措施两个层面做出了进一步的阐述。

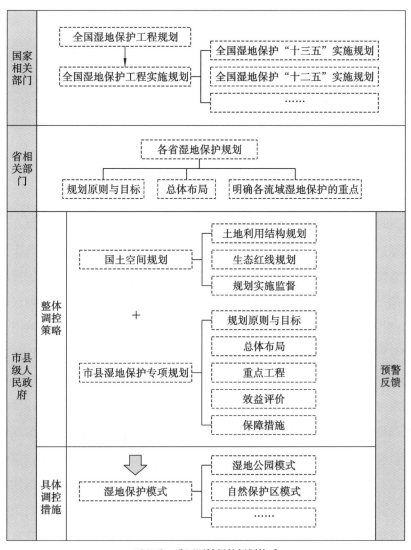

图 7-3　我国湿地保护规划体系

7.3　湿地景观生态安全调控策略

城市是一个自然 - 经济 - 社会复合系统，其中包含着自然支撑、经济代谢、社会调控三个子系统[198]。生态保护管理制度和相关政策的完善为保护自然资源、降低经济发展对生态环境的影响发挥着重要的调节作用。湿地景观生态安全调控策略是结合预警反馈结果对宏观层次的规划部署做出优化，实现对湿地生态安全格局进行整体调控的目的。在我国现行湿地保护制度中，规划是其重要的组成部分，也是调控区域湿地景观格局的重要政策途径。规划的编制是一个需要根据实施结果不断完善的过程，预警反馈既包括对上一轮规划实施效应的现状反馈，也包括对当前规划实施效应的预测反馈。

7.3.1　对湿地保护专项规划的反馈

我国的湿地保护制度建设起步较晚，尽管在 20 世纪 70 年代以前就设立了鼎湖山自然保护区和青海湖湿地自然保护区等，但并未提出系统的湿地保护政策。在长期粗放式发展模式和湿地保护法规缺失的影响下，至 20 世纪 90 年代我国湿地面积严重萎缩，重要湿地的生态功能发生明显退化，引发了政府与公众对湿地保护的关注[199]。进入 21 世纪后，在《中华人民共和国环境保护法》的基础上针对湿地的专项保护规划和管理条例陆续出台，《国务院办公厅关于加强湿地保护管理的通知》将湿地保护明确为生态环境改善的重要任务。在第一次全国湿地资源调查的基础上，国务院发布的《全国湿地保护工程规划（2002—2030 年）》对全国重点湿地的保护与生态修复进行了中长期的统筹部署，随后制定的全国湿地保护工程实施规划，明确了各阶段的主要任务和目标。为了落实湿地保护规划，2013 年颁布的《湿地保护管理规定》中明确提出"国家林业局会同国务院有关部门编制全国和区域性湿地保护规划"，同时县级以上地方人民政府林业主管部门会同同级人民政府有关部门，按有关规定编制"本行政区域内的湿地保护规划"。近年来，各市、县先后制定了各层级的湿地专项保护规划，逐步构建了湿地规划管理体系。其中市县级的湿地专项规划是湿地保护规划体系的重要环节，是落实全面湿地保护目标的基础。我国湿地保护相关法规见图 7-4。

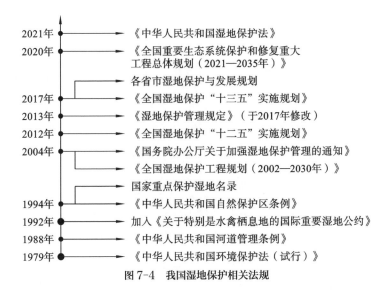

2021年	《中华人民共和国湿地保护法》
2020年	《全国重要生态系统保护和修复重大工程总体规划（2021—2035年）》
	各省市湿地保护与发展规划
2017年	《全国湿地保护"十三五"实施规划》
2013年	《湿地保护管理规定》（于2017年修改）
2012年	《全国湿地保护"十二五"实施规划》
2004年	《国务院办公厅关于加强湿地保护管理的通知》
	《全国湿地保护工程规划（2002—2030年）》
	国家重点保护湿地名录
1994年	《中华人民共和国自然保护区条例》
1992年	加入《关于特别是水禽栖息地的国际重要湿地公约》
1988年	《中华人民共和国河道管理条例》
1979年	《中华人民共和国环境保护法（试行）》

图 7-4　我国湿地保护相关法规

依据《湿地保护管理规定》，市域的湿地保护专项规划主要包括本区域内湿地资源的调查情况、湿地保护的目标与任务、湿地保护的总体布局与重点工程、湿地保护的投资与效益和规划实施的保障措施等。湿地的资源调查、监测和评估是湿地保护专项规划制定的主要依据。2008 年原国家林业局发布了《全国湿地资源调查技术规程（试行）》，为各地湿地的调查和监测提供了统一的技术规范。但对于区域湿地的整体评估目前尚缺少统一的评价方法。部分地方政府结合本区域湿地的特征实施了地方性的评价规范，如北京市园林绿化局组织实施的《湿地生态质量评估规范》。这一规范中也将湿地景观格局变化作为评价的主要内容。整体而言，当前我国针对市域范围的湿地专项保护规划仍然处于不断完善的阶段，尚未形成统一的规划编制标准[200]。近年来，很多学者围绕湿地的评价陆续开展了湿地生态健康评价、湿地生态质量评价、湿地生态安全评价等研究，不同评价方法都是为了指示湿地生态系统的状态，最终评价结果通常都将湿地的状态划分为不同的等级，以此指示湿地生态保护或修复的重点和紧急程度。基于情景分析的预警反馈是警示潜在风险和选择最优方案的重要依据。

结合湿地保护专项规划的主要内容，预警机制对于规划的反馈主要包括以下四个方面。

1. 对湿地景观生态安全问题与规划目标的反馈

基于对湿地生态环境的调查与监测，剖析当前湿地保护所面临的问题，是制定湿地保护专项规划的前提。黄淮东部地区各煤炭资源型城市已发布的湿地保护专项规划中，普遍将土地利用变化作为威胁湿地生态安全的重要因素，如《淮北市湿地保护与发展规划（2017—2030年）》总结了沉陷区复垦对已形成湿地的二次扰动问题，同时提出"采煤沉陷湿地生物多样性低"等问题。《徐州市湿地资源保护规划（2011—2020年）》提出城镇化与农业围垦是造成天然湿地减少的重要原因。但由于缺少定量分析支撑，难以判断土地利用变化对湿地具有何种程度的威胁，也不能对不同时期各干扰因素的作用强度进行判断。模拟不同阶段湿地景观演化和评价景观生态安全等级，能够明确当前湿地生态系统是否面临土地利用变化产生的生态威胁。对淮北市2034年趋势发展情景下湿地景观生态安全评价的结果显示，其湿地景观生态安全等级由中度预警等级改善为预警等级，表明土地利用变化对湿地景观格局的干扰强度有所下降，但仍是威胁湿地生态安全的主要风险之一。

湿地景观演化驱动力分析的结果表明了土地利用变化造成湿地生态问题的深层原因和作用机理，为采取科学的湿地生态修复和保护方法提供引导。以淮北市为例，驱动因子的回归分析表明影响湿地转化的首要驱动因子为永久性积水范围。其他主导作用的驱动因子分别为湿地保护范围、高程、农田生产潜力、原煤产量、距开采沉陷区距离、城镇化率和地区经济总产值。这表明采矿活动是引起湿地景观格局变化的首要干扰因素。淮北市湿地景观生态安全面临的主要问题如下。

①开采沉陷导致湿地景观格局的不稳定性加剧。

②采煤沉陷湿地具有景观连通性低且生态功能不健全的特点，影响湿地整体的景观生态安全性。

③农业复垦率和城镇化率的增长造成湿地不断减少。

④现有的湿地规划管理措施在保护重点湿地方面起到积极作用，但并未实现保障湿地景观生态安全的目标，特别是对于各类干扰因素的限制作用较弱。

在确定湿地景观生态安全面临的主要问题后，相应的规划总体目标如下。

①预测并有序地控制采煤沉陷湿地的形成，结合模拟方法实现边沉陷边治理的动态修复模式。

②基于预测分析结果优化开采沉陷后区域湿地的整体景观格局。

③合理控制和开发湿地资源，保障湿地生态功能的完整性和稳定性。

④完善湿地生态规划体系和保障措施。

处于不同发展阶段的煤炭资源型城市，其湿地景观演化的驱动力构成和作用机理有明显的不同。淮北市为典型的衰退型资源型城市，存在的问题和目标在其他衰退型城市中具有共性。但在分析其他类型城市湿地景观生态安全问题和提出规划目标时，应结合驱动力分析结果进一步探讨。

2. 对湿地保护总体布局的反馈

湿地保护总体布局是湿地保护策略中的一个层次，是针对区域湿地的空间分布特征和生态保护目标做出的总体部署，是面向整个区域湿地保护与生态修复的宏观战略。在湿地保护专项规划中，总体布局的作用是明确湿地保护的网络骨架和关键节点。湿地保护总体布局是规划的重要内容，是规划目标在空间中落实的总体体现，也是湿地管理体系构建和重点保护工程布局的依据。在湿地保护专项规划编制中，总体布局的确定应当依据规划区域内湿地景观格局与生态过程相互作用的现状，遵循湿地生态系统演化的规律。避免以往注重空间形态而轻生态功能的规划设计思维，注重湿地生态功能的发挥。湿地景观生态安全预警机制对总体布局的反馈主要体现在以下两个方面。

①预测湿地的未来空间分布情况，验证总体布局规划的合理性。

湿地景观生态安全预警机制中的重要内容为对一定时期内湿地的景观演化趋势进行模拟预测，模拟的结果可以对湿地的总体布局进行反馈。

以淮北市为例，《淮北市湿地保护与发展规划（2017—2030年）》的规划期限为 2017—2030 年，湿地的总体布局为"一核三带六组团"。其中"一核"指利用中心城区周边分布的采煤沉陷湿地打造城市湿地保护核心，"三带"指北部的萧濉新河 - 老濉河 - 龙岱河的水系、中部的沱河 - 古隋堤运河水系和南部的浍河 - 漪河水系，"六组团"是指依托华家湖水库及分布于朔里镇、刘桥镇、百善镇、韩村镇和南坪镇的采煤沉陷湿地构建生态湿地保护区或湿地公园。对比趋势发展情景模拟的结果可知，至 2034 年铁佛镇、孙疃镇和五沟镇的采煤沉陷湿地面积将快速增加。因此规划中淮北市湿地的总体布局应调整为"一核三带九组团"（图 7-5）。

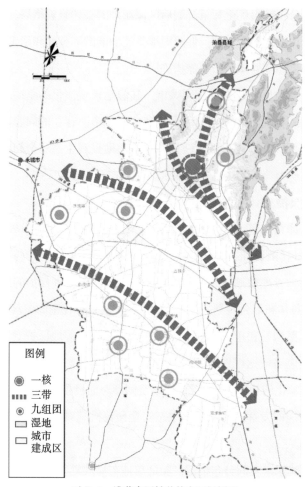

图 7-5　淮北市湿地总体布局规划图

②依据局部湿地的景观演化趋势，为湿地的主要功能划分提供反馈。

不同区位的湿地所发挥的主要生态服务功能和受到的干扰也有显著的差异。情景模拟的结果不仅提供了湿地景观演化的预测结果，同时也显示了湿地周边的土地利用变化，以反映湿地所处环境的变化。

黄淮东部地区煤炭资源型城市中，区位因素是影响湿地景观演化的主导因素之一。城市内部和周边地区湿地受到人为干扰的程度最深，为保障城市的可持续发展，其主要生态功能为调节雨洪、涵养水源以及游憩等。在农村地区，湿地受到的干扰强度相对较低，以保障农业生产和发展为主。在资源开采的作用下，矿区中形成了大量采煤沉陷湿地。这些湿地通常生态系统脆弱且生物多样性低，需要采取必要的人工干预，进行湿地生态系统的设计和重建。

在淮北市，依据趋势发展情景的模拟结果，可以按照湿地所处的不同区位和主要生态功能将其分为北部、中部和南部三个主要功能区。北部为依托萧濉新河 - 老濉河 - 龙岱河的水系的保障性湿地网络。北部地区是淮北市的中心城区，城镇化程度最高，大量湿地已经成为城市中重要的绿色基础设施，直接影响着城市的水生态安全，因此该地区湿地景观的保护更加注重为城市的可持续发展提供保障。中部地区为依托沱河 - 古隋堤运河水系的养护性湿地网络。中部地区主要为农村地区，矿区面积较小，在淮北市主体功能区划中被规划为高效农业种植区。该地区湿地的演化主要受农业发展的影响，受干扰程度相对较低。同时，该地区湿地以自然河流和人工水渠为主，功能应以河道的养护和支持农业发展为主。南部地区为依托浍河 - 漰河水系的保育型湿地网络。南部地区远离中心城区，且未来将形成连片分布的采煤沉陷湿地。从远期发展来看，通过生态修复，该片区采煤沉陷湿地具有建设大型郊野湿地公园、发挥保护生物多样性功能的潜力。

3. 对湿地生态规划指标的反馈

湿地规划指标的设置是湿地保护专项规划的重要内容之一。然而目前各地出台的相关规划中大多尚未建立完善的规划指标体系，这主要是因为湿地生态系统变化过程十分复杂，以市域为单元的湿地规划指标的确定仍缺少充分的科学依据。但随着湿地保护规划制度的发展，建立相关的规划指标体系是完善湿地保护专项规划的必然。湿地规划指标包含总体规划指标和控制规划指标，总体规划指标是对规划区范围内湿地保护总体情况的描述，包括湿地率、湿地保护率及河道保护总长等。控制规划指标是对湿地不同属性的保护指标，涉及湿地景观结构、水质等级、植被覆盖率和动物保护情况等方面。湿地景观生态安全预警机制能够为湿地的总体规划指标和景观结构控制指标提供编制依据和反馈。警情分析模块通过情景模拟的方法分析了不同土地利用模式下湿地的转化情况和总量变化，同时景观生态安全评价验证了各模式的湿地景观生态安全等级差异，结合两个方面的结果为设定湿地率指标的控制区间提供依据。

淮北市湿地景观演化的情景模拟和景观生态安全评价结果显示，各模拟情景中农田恢复情景下湿地率最低，为 6.67%，但湿地景观生态安全等级达到 Ⅱ 级（较安全等级），优于趋势发展情景和快速城镇化情景。因此淮北市湿地率控制在 6.67% 以上时，进行适当的开发和保护能能够实现优化湿地景观生态安全的目标。此外，湿地景观生态安全评价中的状态指数、河网安全格局指数和湖库安全格局指数是对湿地景观格局的定量描述，能够为湿地控制规划指标的选择与指标值的设定提供反馈。

4. 对湿地保护管理体系的反馈

目前我国已经初步形成了以湿地自然保护区和湿地公园为主，城市湿地公园、湿地保护小区等多种管理形式并存的湿地保护管理体系，对各地区的重要性湿地和一般性湿地进行了分类、分级管理 [201]。湿地自然保护区是指对具有重要生态功能或具有独特意义的湿地进行特殊保护和管理的区域。根据其重要性，湿地自然保护区可分为国家湿地自然保护区和地方湿地自然保护区。湿地自然保护区的设立具有"抢救式保护"的特征，是为保护面临严重威胁的珍稀动植物及其生境采取的一种严格的生态环境管理方式。达不到湿地自然保护区设立标准的湿地，可以通过设立湿地公园的方式进行保护。湿地公园的设立是以"保护湿地生态系统、合理利用湿地资源"为目的，进行湿地保护、修复、科学研究以及旅游活动的区域。湿地公园分为国家级、省级、市级和县级四个等级，已经成为我国湿地保护管理体系中的重要形式。

湿地景观生态安全预警的评价结果能够反馈当前的湿地保护管理体系是否有效保障了区域的湿地生态安全格局。经过持续的生态修复和重点工程建设，淮北市目前共拥有南湖、中湖（试点）2 处国家级湿地公园，凤栖湖 1 处省级湿地公园，正在规划建设朔西湖等一批新的省、市级湿地公园。此外，淮北市还开展了濉河、沱河、洪碱河等多段中小河流治理工程。《淮北市湿地保护与发展规划（2017—2030 年）》规划至 2030 年完成 5 处湿地的生态功能提升工程、4 项湿地公园的建设工程。一系列重大工程的实施使得淮北市受保护的湿地面积大幅增加，为市域内湿地的保护与合理开发提供支持。2002 年、2018 年的评价结果表明，当前淮北市的湿地保护管理体系对于防止湿地生态系统退化、提高湿地景观生态安全等级方面发挥了积极的作用。在趋势发展情景下，至 2034 年淮北市湿地景观生态安全性将进一步提升，但仍处于 Ⅲ 级（预警等级），表明现有的湿地保护管理体系仍需要进一步完善。湿地生态保护模拟情景的评价结果表明,提升湿地保护管理体系,扩大对湿地的保护范围能够使淮北市湿地的景观生态安全等级得到进一步的提升,达到更高的安全等级。

7.3.2 对国土空间规划的反馈

我国的湿地保护管理体制具有"要素式"管理的特征[202],林业部门是湿地生态保护与管理的综合协调部门,同时还涉及国土资源部门、水利部门和农业部门等,城区范围内的湿地由城建部门负责具体的规划建设。因此,湿地的保护与生态修复除了涉及湿地保护专项规划,还涉及其他规划。当前我国正处于"多规合一"的规划变革期,为建立系统、高效的湿地生态规划体系提供了重要契机。本节着重分析了湿地景观生态安全预警机制对国土空间规划的反馈。

国土空间规划是经济、社会、文化和生态环境等政策在地理空间上的表达与落实,融合了主体功能区规划、土地利用规划和城乡规划等空间规划内容,是我国政治经济体制改革的重要组成。与原有土地利用规划相比,国土空间规划的一个重要进步是将生态保护放在了与经济、社会发展同等重要的位置,体现了我国"经济建设、政治建设、文化建设、社会建设、生态文明建设"五位一体的发展理念。在以往计划经济主导时期,我国的土地利用规划以保障经济、社会发展为优先,而《关于建立国土空间规划体系并监督实施的若干意见》中明确要求国土空间规划编制应遵循"生态优先、绿色发展"的原则,并要求在山水林田湖草生命共同体理念下"保护生态屏障,构建生态廊道和绿色基础设施网络,推进生态系统保护和修复"。湿地是生态廊道和绿色基础设施网络的重要组成部分,湿地生态网络直接关系着区域整体的生态系统安全,因此是国土空间规划中的重要研究对象。具体而言,湿地景观生态安全预警机制对国土空间规划的反馈主要体现在以下三个方面。

1. 对土地利用结构优化的反馈

湿地景观生态安全预警机制的构建能够从湿地保护的角度为国土空间规划提供模拟验证,首先体现在土地利用结构与用地布局规划方面。预警机制结合了黄淮东部地区煤炭资源型城市的经济、社会发展特征,实现了对未来一定时期湿地景观演化的多情景模拟,对优化土地利用结构具有重要的参考意义。多情景模拟的原理是改变区域土地利用中的某一个或几个关键指标,模拟景观格局的演化趋势,从而分析研究对象的受干扰强度，以此验证指标设置的合理区间[203]。本书的情景设置中，依据影响湿地景观演化的主要干扰因素，分别调整了城镇化率、土地复垦率和湿地率，以分析建设用地快速扩张、农用地复垦和湿地最大化三种土地利用结构下湿地景观生态安全水平的变化。

淮北市的研究结果表明，湿地的景观生态安全水平变化对建设用地的增长最为敏感。在快速城镇化情景下，当建设用地增长率达到25%时，其LESI指数即出现降低。对于其他情景，趋势发展情景建设用地增长率较高，为17%，且LESI指数高于2018年结果。因此从湿地生态保护的角度考虑，至2034年建设用地的增长率控制在17%左右较为适宜，达到25%时会威胁湿地的生态安全。随着北部大量煤矿的关停，矿区的土地复垦水平将逐步提高。农田恢复情景模拟结果表明，当60%的采煤沉陷湿地被复垦时，湿地的景观生态安全等级仍有提高。因此，在对采煤沉陷湿地进行生态修复时，可以扩大土地复垦的规模。随着近年来采煤沉陷湿地越来越多地被保留并被改造为永久性湿地景观，湿地生态保护情景的模拟结果表明，在最大限度地保留深积水采煤沉陷湿地时，淮北市的湿地比率可达到7.71%，该情景下最有利于改善湿地的景观生态安全性。需要强调的是，情景模拟的结果是从湿地保护的角度对土地利用结构调整进行反馈，土地利用结构还需要结合经济、社会及其他生态用地的发展进行协调。

2. 对湿地生态保护红线划定的反馈

湿地景观生态安全预警机制对国土空间规划的反馈作用还表现在其可为湿地生态保护红线的划定提供依据。生态保护红线是指通过设定严格保护的空间边界与开发强度限制，来对重要的生态资源进行保护，以保障生态环境安全的底线[204]。生态保护红线是针对在维护生态系统基本功能、保障国家和区域生态安全中具有重要作用的生态空间划定的最小生态保护范围，其中包含禁止开发区生态红线、重要生态功能区生态红线、生态环境敏感区及脆弱区生态红线三类。黄淮东部地区煤炭资源型城市的湿地稳定性较差，为生态红线的划定提出了难题。基于模拟预测的湿地景观生态安全预警机制，能够对区域中湿地的转化进行动态的模拟和预测，从而为湿地生态保护红线的划定与更新提供依据。

以淮北市为例，湿地景观生态安全性未出现下降的情景中，农田恢复情景的湿地面积最小［图5-8（a）］。湿地生态保护红线可参考该情景中湿地的范围进行划定。此外，淮北市各区镇的湿地景观生态安全评价结果显示，至2018年濉溪镇、铁佛镇、韩村镇和孙疃镇的湿地景观生态安全等级为中度和重度预警等级，湿地景观的脆弱性较高。趋势发展情景下，杜集区和临涣镇的湿地景观生态安全等级会出现下降。因此应重点关注这些城镇湿地的保护，适当扩大生态红线的范围。

3. 为规划实施监督机制提供方法依据

规划实施监督机制是确保国土空间规划的各项措施得到切实的贯彻落实的重要步骤，是实现"有法可依，有法必依"的制度保障。建立动态监测评估预警机制是《关于建立国土空间规划体系并监督实施的若干意见》中提出的实现监督规划实施的重要途径。湿地景观生态安全预警机制的构建契合了其中对规划实施监督的要求。预警机制的构建为监督规划实施结果提供了一个系统的操作方法，从而健全了湿地生态规划的方法体系。预警的过程是通过地理信息技术建立湿地景观演化监测数据库，完成对湿地的数量结构和空间结构动态变化过程的监测。这一结果反映了上一轮国土空间规划中湿地相关控制指标的落实情况。此外，湿地景观生态安全性评估能够反映湿地整体和局部的预警等级，为规划实施的生态效应提供反馈。

7.4 湿地景观生态安全调控措施

湿地景观生态安全调控措施是在上位规划明确湿地的整体保护与利用策略的基础上，针对具体湿地斑块进行的景观设计。黄淮东部地区煤炭资源型城市中湿地的类型多样且受到不同程度的开发利用，具有不同的生态服务功能。湿地景观生态安全调控措施应结合湿地自身不同的自然条件，选择适宜的开发利用模式，从而为构建湿地生态网络提供支撑。湿地景观生态安全预警机制通过模拟预测湿地的景观演化，为湿地的定位及开发利用模式的选择提供依据。结合模拟结果，对于未来能够形成面积较大且永久性积水的湿地，需要开发其在区域景观格局中"源"和"汇"的功能[205]。对于面积较小或季节性积水的湿地，需要开发其在区域景观格局中生态"节点"的功能。对于河流等带状湿地，需要提高其在区域中的雨洪调蓄功能和生态"廊道"功能。因此综合目前相关研究的进展，本章重点介绍三种在黄淮东部地区煤炭资源型城市中具有很好应用潜力的湿地生态修复模式，即湿地公园保护模式、小微湿地保护模式和低影响开发模式。

7.4.1　湿地公园保护模式

1. 湿地公园的含义与特征

目前我国湿地保护面临着严峻的形势，因地制宜地采取科学的方式恢复和扩大湿地保护面积是湿地保护工作的首要任务。自 2005 年杭州西溪湿地被批准为第一个国家湿地公园后，湿地公园保护模式在全国迅速得到推广。当前湿地公园已经是我国湿地保护体系中的重要组成部分，是实现分级分类管理湿地资源的重要方式[206]。

与湿地自然保护区相比，湿地公园可以涵盖多种湿地类型，包括自然湿地和人工湿地，如江苏九里湖国家湿地公园（原徐州庞庄矿区采煤沉陷湿地）。湿地公园设立标准：国家湿地公园设立标准为公园总面积在 20 hm² 以上且湿地率不低于30%，地方性湿地公园依据地方标准进行设立。因此湿地公园的建立和管理具有广泛性，为扩大湿地保护范围、提高湿地保护率提供了新的途径。此外，湿地公园还具有功能多样化的特征，集湿地生态保护与修复、湿地科普、生态旅游和湿地生态环境监测与研究等多种功能于一体。湿地公园的首要功能为湿地的生态保护，同时依据其主要功能的差异可以分为保护型、修复型、生产型、生态休闲型和复合型五类。由于湿地公园具有上述优势，在黄淮东部地区煤炭资源型城市中，湿地公园保护模式日益受到重视，建成的湿地公园发挥了保护自然湿地、修复人工湿地的功能，为区域生态环境提供了生物多样性保护、调节局部水文环境和缓解城市热岛效应等生态服务功能。

2. 湿地公园总体设计的原则

湿地公园主要是由各级政府的林业主管部门负责规划建设，总体设计方案的编制应与国土空间规划、水利规划及环境保护规划等相关规划相协调。湿地公园的总体设计遵循"保护优先、科学修复、适度开发、合理利用"的原则。依据这一原则，湿地公园内部的功能分区包括生态保育区、恢复重建区、宣教展示区、合理利用区和管理服务区等。湿地公园的总体设计方案主要包括以下 7 个方面的内容：①划定湿地公园的范围；②明确湿地公园的定位；③确定湿地公园规划的阶段目标和总体目标；④划分湿地公园的功能分区；⑤制定湿地生态保护、修复、科普、监测与利用的具体实施措施；⑥制定湿地基础工程规划；⑦兼顾湿地的经济效益。

3. 湿地公园模式的应用

在黄淮东部地区煤炭资源型城市中，采煤沉陷湿地是主要的新增湿地类型，同时也是生态修复的重要对象。作为一种人工次生湿地，采煤沉陷湿地的生态结构并不稳定且十分脆弱，需要通过必要的生态修复措施才能够成为生态功能完善的湿地。湿地公园保护模式为采煤沉陷湿地的生态修复提供了重要的途径。目前我国多个城市已经开展了利用采煤沉陷湿地建设湿地公园的实践探索，如唐山市的南湖湿地公园、徐州市的九里湖湿地公园和淮北市的中湖湿地公园等。利用采煤沉陷湿地建设湿地公园的主要目标为综合土地利用整治和湿地生态系统的构建，修复区域受损的生态环境，为城市的可持续发展提供生态、安全、美观的自然环境。下面以淮北市南湖湿地公园为例，对湿地公园模式的应用进行具体阐述。

南湖湿地公园位于淮北市中心城区的东南部，湿地面积达 20.5 km²。该湿地是淮北市杨庄矿、烈山矿遗留的采煤沉陷湿地，改造前积水深度为 0.4 ～ 3.6 m，积水面积为 6.06 km²，蓄水量约为 68 万立方米 [207]。南湖湿地公园于 2014 年 9 月建成，是淮北市湿地保护管理的核心地区。该湿地公园合理配置了生态保育区、恢复重建区、宣教展示区等不同功能区面积的比例（图 7-6）。

湿地公园总体设计的重点为湿地生态系统的构建，其中首先是水系景观的设计。水是湿地生态系统的核心要素，水系的连通性对湿地生态系统的安全具有重要的影响。南湖湿地公园邻近龙岱河、西流河和老濉河，开采沉陷形成的积水水域分为东、中、西三大片区。结合这一场地特征，方案中设计了"湖山相望、绿廊织网、一轴贯通"的总体布局。未改造前湿地主要通过排水渠与周边原有水系相连，整体而言，湿地的来水量和排水量都较小。湿地公园在营建时打通了南湖湿地与龙岱河、萧濉新河、王引河，在扩大水域面积的同时加强了与周边河流的水文联系，可实现日平均输水2 万立方米，从而提高水体的更新率，构建良性的水体交换系统。其次，保护湿地生物的多样性是湿地公园的重要生态功能，在湿地公园的设计中需要营造适合不同

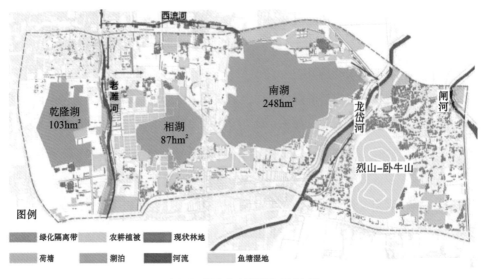

图 7-6 淮北市南湖湿地公园布局

(资料来源：《淮北市南湖景区景观详细规划》)

物种的生境。水域部分包括软质与硬质相结合的驳岸、不同形态的浅水区、深水区
和鸟岛等。陆域部分合理配置建筑物和硬质铺装等不透水区占湿地公园的比率，降
低对湿地的产流与地下水循环过程的破坏。最后，在植被恢复方面，尊重湿地自然
演替形成的植被体系，尽可能采用乡土植物，避免过度"园林化"，提高公园生态
系统的自我维持能力和可持续性。在游客中心、管理用地等永久性建筑物的布局方面，
尽可能避开湿地保护的核心区，避免对湿地的过度干扰，同时需要保障游客的游览
品质。

　　湿地公园保护模式的应用使采煤沉陷湿地成为具有巨大生态效益的城市绿地（图
7-7）。目前南湖湿地常年平均蓄水量达到 728 万立方米，水质等级常年维持在 Ⅱ 类
标准，为城市水源涵养发挥了巨大作用。此外，经初步统计，南湖湿地公园内共有
13 科 29 种植物，鸟类种类超过 14 种，还包括多种鱼类和两栖类动物，改善了当地
的生物多样性保护形势[208]。南湖湿地公园在淮北市绿色基础设施系统中发挥了重要
的"源"与"汇"的生态功能。

图 7-7　淮北市南湖湿地公园

7.4.2　小微湿地保护模式

1. 小微湿地保护模式的含义与特征

小微湿地是指面积在 8 hm² 以下，生态系统较为稳定的小型和微型湿地，包括河湾、坑塘、沼泽及其他类型人工湿地，此外也包括长度在 5 km 以下的小型河流[209]。小微湿地是斑块数量最多的淡水环境[210]，但现有的湿地管理制度对其重视程度不足。小微湿地保护模式聚焦于这些小型湿地的保护与利用，是对以自然保护区和湿地公园为主的湿地保护方式的补充。2018 年 10 月，由我国提交的《小微湿地保护与管理决议草案》在第 13 届湿地公约缔约方大会获得通过，这标志着小微湿地的保护与利用日益受到社会与政府部门的关注。在大型的湿地斑块之间，小微湿地具有重要的节点功能，是构建区域绿色基础设施网络的重要载体。加强对小微湿地的管理能够防止湿地持续萎缩、优化湿地生态安全格局、净化局部地区水质和调节微循环等生态功能。与其他湿地保护模式相比，小微湿地保护模式具有灵活的特点。小微湿地的保护与开发能够灵活运用区域中点状分布的湿地资源，营建工程一般不需要大规模的资金投入与长期的建设。此外，小微湿地设计并不追求湿地生态功能的综合性，而是需要有明确的功能定位，能够更好地结合局部地区生态问题与需求。在设计营建中，应突出其主要生态功能，构建具有明确主导功能的湿地景观。

2. 小微湿地生态设计的原则

小微湿地的保护与利用是依托散布于城市和农村地区的坑塘、湖泊、河渠等湿地资源进行布局建设的。在生态设计过程中，应以国土空间规划和湿地保护专项规划为依据，结合湿地生态学原理，突出其主要功能和设计目标。目前，小微湿地的主要利用方式包括雨水湿地、农业生产、鸟类驿站、水质净化、景观休闲等。小微湿地的生态设计和建设尚没有统一的方法，相关的标准仍处于不断完善的阶段。整体上，由于规模较小，小微湿地的功能分区相较于湿地公园更为简单，一般包括生态修复区、生态利用区和体验区等。湿地设计更加强调功能性和可实施性，并尽可能实现湿地生态系统的自然性，避免后期大量的人工维护。

3. 小微湿地保护模式的应用

在黄淮东部地区煤炭资源型城市中，采煤沉陷湿地是其独特的景观类型，沉陷影响范围和沉陷深度的不同造成湿地积水情况的差异，积水较浅的地区容易形成小型的季节性湿地。小微湿地保护模式非常适用于这种季节性积水且空间分布分散的小型采煤沉陷湿地的修复。季节性采煤沉陷湿地不仅分布广泛，而且是被改造利用最多的湿地。这些小型采煤沉陷湿地通常位于深积水湿地的外围，是连通采煤沉陷湿地和其他水系的节点，具有重要的缓冲和调控功能。此外，在部分城市中，如枣庄市、泰安市、淄川区等地，小型采煤沉陷湿地的比重更大。小微湿地的保护利用模式在这些城市的湿地生态修复中有着巨大的应用潜力。

小微湿地的设计原理是为了利用湿地的某种生态功能而通过人工的方式改变湿地的结构（包括微地形结构、植物群落结构、水循环结构等），从而使小微湿地发挥特定的生态服务功能。微地形塑造是通过人工填挖土方的方式改变小微湿地底部的深度、坡度、坡向和边缘形态特征，从而控制湿地的蓄水量、地表径流过程、水土保持能力和沉积物变化过程，并营造多层次的生境。研究表明，在湿地中不同积水深度的区域，水体流动的条件有所差异，从而影响颗粒物的沉积过程[211]。因此在湿地微地形改造时可以进行局部挖深垫浅，形成浅滩区（0～1 m）、浅水区（1～2.5 m）、深水区（大于2.5 m）不同的水深梯次。同时，浅滩区的坡度应尽可能平缓，增加水陆交界面的面积，从而为鸟类提供更多的觅食与活动区域。采煤沉陷湿地的形成是一个动态的过程，通过参考沉陷预计的结果，能够实现对其形成过程的预测。在对小型采煤沉陷湿地进行微地形塑造时，可以在地表沉陷前，提前对沉陷深度较大的区域进行表土的剥离并有计划地堆积，在沉陷发生后就能够形成深浅不一的积水，从而降低积水形成后施工的难度和成本。完成微地形的塑造后，湿地基质即湿地床体的铺设也影响着湿地生态功能的发挥。研究表明，不同材质的湿地基质对于水中污染物的去除效率、植物和微生物的生长有明显的差异。传统的基质包括土壤、砂和砾石等，对水质净化具有良好效果的包括沸石、石灰石、页岩、陶瓷等[212]。在湿地基质设计时，需要结合湿地的主要功能进行合理的选择。

小微湿地应用较为广泛的功能是采用生物降解的方法净化水体，减少对自然河流与湖泊的面源污染。小微湿地中水流方式的设计对污染物的去除效率有显著的影响，主要的水流方式包括表面流、水平潜流和垂直潜流。表面流湿地一般水深较浅，水体从入口以推流式的方式缓慢流过湿地表面，部分蒸发或下渗，最终从溢流口流出。这种水流方式的小微湿地适宜处理污染程度较小的农村生活污水、修复河道与湖泊的受污染水体，具有适合多种植物生长且建设成本低的优势。潜流湿地是水体由上而下流动，水体进入湿地的底部从而使污水在湿地内部进行反应，净化后的水体从出水口排出。这种湿地能够更加充分地利用植物根系的吸收作用和生物膜的分解作用，能够处理如城市污水、工业废水等污染较重的水体。垂直潜流湿地水流方式更为复杂，是指水在湿地床体不同基质层次之间以从上到下垂直渗透的方式流动，然后均匀地蓄积在基质底部，最终由出水管排出。这类湿地对水体中的 COD、TN 的去除率最高，适宜对污染水体进行深度处理。

不同的水流方式下，植物的选择和配置是实现湿地净化水体的重点。植物能够通过自身生长吸收营养物质、影响湿地水力传输、向根系传输氧分促进污染物分解与转化等实现净化水体的目的。根据生长形态的不同，湿地植物可以分为挺水植物、浮水植物和沉水植物。由于生长特征的差异，不同植物的组合对于重金属、有机物、营养性污染物、有毒物质的去除有不同的效应。例如相关研究表明香蒲、芦苇、水葱对于水中的 COD_{Cr}、TP 具有更好的去除效果[213]。在小微湿地生态设计中，植物选择首先应考虑水流方式，其次应考虑植物的耐受度、生长周期、扩散能力和根系发达程度等特征，同时还应综合考虑植物的观赏性和经济性等[214]。浅根散生和浅根丛生两种类型的挺水植物适宜种植于表面流湿地，而深根丛生和深根散生型两种类型的挺水植物适宜种植于潜流湿地[215]。小微湿地生态功能的发挥是基质、植物、水流模式共同决定的，因此微地形的设计、基质的选择、水流方式的设计以及植物的配置是一个整体的设计过程，各湿地要素必须密切配合才能够充分地利用湿地的生态功能。

随着小微湿地生态设计和建设技术的提高，这一湿地保护模式正日益受到重视。这一模式的运用为采煤沉陷湿地的生态修复与利用提供了重要的途径。

7.4.3　低影响开发模式

1. 低影响开发模式的含义与特征

在城市中，河流型湿地承担着重要的防洪排涝、涵养水源、景观营造等功能。随着城镇化的发展，大量河流逐渐消失，同时，城镇用水量的增加和区域中不透水面积的增加也加重了河流径流暴涨暴跌的问题。为了加强河道管理，长期以来，大量城市将自然河流的河床与驳岸进行了硬质化，隔绝了河流与地下水的水力联系，使得大量河流长期干旱，湿地生态系统严重退化。为了应对这一问题，20 世纪 90年代美国提出了低影响开发（low impact development，LID）的理念。我国在 2014年也推出了《海绵城市建设技术指南》，推广 LID 模式。LID 模式是通过合理的场地开发方式，模拟自然水文条件并通过综合设施性措施从源头上降低开发导致的水文条件的显著变化，以保护城市和流域的水生态环境。在河流生态保护与利用方面，LID 模式倡导利用绿色基础设施取代当前硬质化的灰色基础设施，恢复河流良性的水循环模式。与传统的灰色基础设施开发模式相比，LID 模式最大限度地保护和利用了河流的生态服务功能，具有显著的综合生态效益。LID 模式模拟自然河流的形态特征，增强河道对于雨水的滞留、减缓等雨洪调蓄功能，平衡河流径流量变化，改变灰色基础设施模式下"快排"的雨洪管理模式（图 7-8）。此外，LID 模式最大限度地采用生态驳岸形式，恢复河流的生境功能。LID 模式区域采用分散式源头控制的方式管理雨洪进入河道的过程，包括设置下沉式植被缓冲带、湿塘、雨水湿地等设施，以减少河流的径流总量、推迟河道峰值流量并降低进入河道水体的污染。

在黄淮东部地区煤炭资源型城市中，城镇化是影响湿地景观演化的重要因素之一。LID 模式的应用一方面为解决城市内涝问题提供了途径，另一方面为河流型湿地的保护与管理提供了方法。

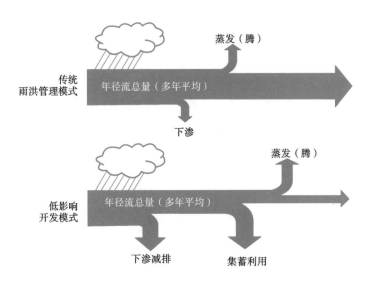

图 7-8 低影响开发模式与传统雨洪管理模式对比
（资料来源：《海绵城市建设技术指南》）

2. 低影响开发模式的原则

LID 模式是一个系统性的雨洪管理方式，综合了城镇土地利用、道路、排水、绿地和湿地等子系统。加强对河流生态系统的保护与利用既是 LID 模式的重要内容，也是对当前河流型湿地保护与利用方法的完善。LID 模式的设计应遵循保护性开发原则和因地制宜设计原则。保护性开发是在保障城市的水生态安全的前提下，综合工程性措施与自然途径进行河流的生态设计，最大限度地利用河流的生态功能调节区域的雨洪问题，同时改善局部地区水生态系统的自然恢复能力。河流具有带状景观的形态特征，生态过程具有开放性、动态性和非平衡性，与其他景观类型的变化密切相关，因此在城市河流生态调控中，应当注重因地制宜原则。在低影响开发措施的布局规划和设计中，应当充分考虑不同河段的周边环境差异和地表径流特征，采取差异化的设计方法，平衡河流生态修复和城市水生态安全两种生态服务功能需求。

3. 低影响开发模式的应用

在黄淮东部地区煤炭资源型城市中，为了疏排积水，建设了大量的人工排水渠，因此人工排水渠成为区域水系网络中不可忽视的部分。合理利用这些人工排水渠和采煤沉陷湿地能够为低影响开发系统的建立提供有利契机。LID 模式包含"源头—中途—末端"的全过程雨洪管理措施。源头的雨洪管理措施是通过绿色屋顶、下沉绿地、渗井、雨水湿地等将低影响开发措施延伸至各居住区、工业区、城市绿地等场地尺度，构建一套分散式的源头雨水收集子系统，实现对雨水的渗透、储存、调节与截污净化等初级处理。在高密度的城市环境中，仅仅依靠源头的措施不足以消减因不透水地面扩张带来的城市雨洪问题，需要结合中途和末端的调控措施。中途调控措施是指对雨洪传输过程的控制措施，为保障城市雨洪安全通过，将河流与设置有净化功能的雨水管网相互衔接，加强对水系网络的利用，包括自然河流与人工排水渠。同时，在条件适宜的情况下，利用河流的滨水空间建设生态驳岸，并依据河流水位变化配置适应的水生及湿生植物，恢复河流的自然性。末端调控措施是在汇水区末端利用采煤沉陷地区新建湿塘、雨水湿地，或扩大原有的自然湿地，以增加对雨洪的调蓄能力。目前低影响开发模式已经日益成熟，形成了一套较为完善的调控技术。在应用设计中结合不同的场地条件、水文条件进行各类低影响开发措施的组合与布局，构建完整的调控体系，从而从根本上改善对河流生态系统的过度干扰，恢复河流型湿地生态廊道的景观功能。低影响开发模式的利用为采煤沉陷湿地与人工排水渠提供了新的功能。

8

结语

8.1　主要研究结论

本书聚焦于黄淮东部地区煤炭资源型城市湿地景观生态安全这一特殊的区域性生态问题，选取该地区资源衰退型城市——淮北市，综合运用了景观生态学、湿地学和生态规划学等学科的基本原理和分析方法，对湿地景观的动态演化过程、驱动机理、发展趋势和景观生态安全性变化进行系统的分析和预测，并以此为基础构建了湿地景观生态安全预警机制，完善了湿地生态规划体系。研究结果对于推进资源型城市的生态文明建设和可持续发展具有积极意义。具体的研究结论包括如下四个方面。

（1）黄淮东部地区煤炭资源型城市湿地的转化过程和空间分布变化具有显著的动态性。

湿地的景观格局关系着其内在物质、能量和信息的流动，影响着其生态过程的可持续性和生态功能的整体性。但在复杂的干扰作用下，黄淮东部地区煤炭资源型城市中湿地的构成结构和空间分布结构十分不稳定。对淮北市30年间湿地景观演化过程的分析结果表明：整体上，由于采煤沉陷湿地的不断形成，淮北市湿地总面积呈持续增长的趋势，30年间共增长了25.3%。其中，1989—2002年湿地增长速度最快，2002—2018年增长速度有所回落。研究期间湿地的转化强度呈活跃状态，且2002—2018年湿地的转化强度较高。同时湿地与农用地、建设用地的相互转化规模最大，且主要发生在矿区范围内。空间分布格局分析的结果显示，30年间淮北市湿地的质心先向东北方向迁移后向西南方向折回，与资源开发的过程具有一致性。依据空间自相关性的分析结果，淮北市湿地的空间分布具有正相关性，空间上具有扩散增长的特征。进入衰退期后，其南部热区面积呈增加趋势，是未来湿地生态修复应重点关注的地区。景观格局指数的变化表明，湿地的景观优势度逐步增加，对区域生态安全格局有着更为显著的影响。同时湿地受到的干扰逐步增强，斑块的稳定性下降，破碎化程度加剧。

（2）综合 Logistic 回归模型和 CA-Markov 模型，构建了湿地景观演化的模拟模型，预测了不同发展情景下湿地的景观演化趋势。

淮北市湿地景观演化驱动力分析结果表明，影响淮北市湿地转化的主导驱动因子依次为永久性积水范围、湿地保护范围、高程、农田生产潜力、原煤产量、距开采沉陷区距离、城镇化率和地区经济总产值。从中可以发现，采矿活动的持续、城镇化的发展、农业生产能力的加强和政策因素的限制是湿地景观演化的关键解释变量。

基于 Logistic 回归模型和 CA-Markov 模型，本书建立了湿地景观演化的模拟模型，并预测了四种发展情景下 2018—2034 年淮北市湿地景观的变化趋势。模拟结果表明，无论是在何种土地利用情景下，淮北市湿地的规模都将持续增加，其中湿地生态保护情景下的面积最大，其次为趋势发展情景和快速城镇化情景，而农田恢复情景下的面积最小。统计分析的结果表明，采煤沉陷湿地的转化情况是引起各情景模拟结果差异的主要原因。在快速城镇化情景与农田恢复情景中采煤沉陷湿地转化为其他地类的规模相对更大。此外，这两种情景下河流型湿地和农用池塘呈减少趋势，表明湿地整体转化速率更高，不稳定性高于趋势发展情景和湿地生态保护情景。在趋势发展情景、农田恢复情景和湿地生态保护情景下，农用地既是湿地的最大来源也是湿地减少的最主要方向，但在快速城镇化情景下，湿地转化为建设用地的规模超过转化为其他地类的规模。各情景的模拟结果中，老矿区湿地景观演化的差异性更大。临涣矿区涉及的六个镇中湿地呈净增加的趋势，但在不同的发展情景下，北部濉萧矿区湿地的转化有明显差异。

（3）结合 PSR 模型和 MCE 评价法建立了湿地景观生态安全评价模型，综合反映了不同发展时期和不同情景下淮北市湿地的景观生态安全水平。

本书结合淮北市湿地景观演化情景模拟结果，基于 PSR 模型和 MCE 评价法构建了反映湿地景观生态安全性的评价模型。利用该模型对淮北市成熟期（2002 年）、衰退期（2018 年）以及 4 个模拟情景（2034 年）的湿地景观生态安全水平进行了整体评价和局部评价。评价结果表明：随着资源产业进入衰退期，2002—2018 年，淮北市的湿地景观生态安全等级从Ⅳ级（中度预警等级）转变为Ⅲ级（预警等级）。趋势发展情景的评价结果显示，至 2034 年淮北市的湿地景观生态安全水平将得到持续的改善，说明当前的生态修复措施对进一步优化湿地生态安全格局具有积极作用。

然而快速城镇化情景的评价结果低于趋势发展情景，因此防止城镇建设用地过快增长对湿地的干扰是未来规划的重点。农田恢复情景和湿地生态保护情景的评价结果都达到Ⅱ级（较安全等级），表明适当提高土地复垦率和适度保留采煤沉陷湿地对改善城市湿地生态安全格局具有积极意义。局部湿地景观生态安全评价结果显示，不同情景下相山区、杜集区、铁佛镇、韩村镇和孙疃镇5个城镇的湿地景观生态安全等级具有显著的差异，在其空间规划中应格外重视湿地面临的潜在生态风险，防止局部湿地景观生态安全性的恶化。

（4）建立了基于多情景模拟的湿地景观生态安全预警机制，并从整体调控策略和具体调控措施两方面提出了针对性的调控对策。

在黄淮东部地区煤炭资源型城市中，湿地景观生态安全问题已受到了广泛的关注，但湿地相关规划的制定尚缺少充足的科学依据，预警机制的构建为解决这一问题提供了重要途径。本书最后对湿地景观生态安全预警机制的设计进行了探索，研究结果认为：预警机制构建的目的不仅是对现状的警示，更是对未来发展趋势和不同发展目标下可能出现的警情的预测分析，从而能够为湿地相关规划中关键指标的设置提供模拟验证和信息反馈。预警机制包含预警触发、警情分析和预警反馈三大模块。当湿地景观生态安全等级处于或低于Ⅲ级（预警等级）或其景观生态安全等级下降时，即可判定为触发预警，并在警情分析模块中进行驱动力分析、变化趋势的模拟预测和预警等级评价。预警反馈模块通过对比分析不同发展情景的湿地景观生态安全评价结果，完成对整体调控策略和具体调控措施的信息反馈。整体调控策略包含对湿地生态保护专项规划以及国土空间规划的反馈。在具体调控措施方面，应结合湿地在区域生态系统中的功能采取不同的调控措施，具有"源""汇"功能的湿地适宜采取湿地公园保护模式，具有重要节点功能的湿地适宜采取小微湿地保护模式，具有廊道功能的河流型湿地适宜采取低影响开发模式。

8.2　相关研究展望

湿地是城市绿色基础设施系统的重要组成部分，其生态安全性直接关系着城市的生态文明建设。在黄淮东部地区煤炭资源型城市的特殊环境下，土地利用变化成为影响湿地生态安全的主要因素。本书聚焦于这一特定区域中湿地的景观生态安全问题，在剖析湿地景观演化过程及其内在驱动机理的基础上，结合模拟预测和定量评价的方法建立了湿地景观生态安全预警机制，为湿地生态调控对策的制定提供了决策依据。本书研究问题的提出、分析方法的构建以及最终的研究成果都具有明确的针对性。然而湿地是一个复杂的生态系统，在不同的时空尺度上，其景观生态安全具有显著的差异性。此外，湿地还面临着水文条件变化、生境质量变化等诸多生态风险，因此研究不可避免地存在局限性。综合本书和目前相关研究成果，以下两个方面的研究有待进一步展开。

（1）场地尺度的湿地景观演化分析与评价。

本书通过对市域范围的湿地景观演化分析与评价，对宏观层面上湿地的相关规划进行了反馈，并对具体的调控措施进行了阐释，但宏观尺度的研究方法和研究成果并不适用于中小尺度的湿地详细生态调控方案的规划与设计。在实际应用中，仍需要结合场地尺度上湿地的景观特征，重新进行土地利用分类、空间结构特征分析、周边干扰特征分析，并优化湿地景观生态安全评价模型，从而为场地尺度的生态保护与修复措施的实施提供指导。

（2）湿地景观格局变化与水文过程之间的相互作用关系。

水文是维持湿地生态过程的关键要素。在黄淮东部地区煤炭资源型城市中，湿地景观格局的变化必然导致区域水文过程的改变。其中，自然湖泊和洼地的消失导致了湿地生态系统蓄水能力的降低，而河川径流的消涨幅度增大。然而新生成的采煤沉陷湿地大多为封闭的水域，与自然河流的水体交换能力较弱。这就致使采煤沉陷湿地对流域水文调节的功能较弱，且采煤沉陷湿地自身水文的季节性变化较大、生态系统脆弱。本书主要依据景观生态学原理，对湿地景观格局的演化进行了分析和评价，但缺乏对水文过程相应变化的分析。在进一步的湿地生态调控中，应重点开展对湿地生态需水、水文补给等方面的研究。

参 考 文 献

[1] 中国气象局预测减灾司, 中国气象局国家气象中心 . 中国气象地理区划手册 [M].
北京: 气象出版社, 2006.

[2] 龚交辉 . 基于 bootstrap-DEA 模型的中国资源型城市环境效率研究 [D]. 成都: 西
南财经大学, 2016.

[3] 陈利顶, 景永才, 孙然好 . 城市生态安全格局构建: 目标、原则和基本框架 [J].
生态学报, 2018, 38(12): 4101-4108.

[4] 付艳华, 胡振琪, 肖武, 等 . 高潜水位煤矿区采煤沉陷湿地及其生态治理 [J]. 湿
地科学, 2016, 14(5): 671-676.

[5] 李树志, 刁乃勤 . 矿业城市生态建设规划与沉陷区湿地构建技术研究及应用 [J].
矿山测量, 2016, 44(3): 65-69.

[6] WIENS J A. Landscape ecology: The science and the action[J]. Landscape
Ecology, 1999, 14(2): 103.

[7] 陈文波, 肖笃宁, 李秀珍 . 景观指数分类、应用及构建研究 [J]. 应用生态学报,
2002, 13(1): 121-125.

[8] FROHN R C, D'AMICO E, LANE C, et al. Multi-temporal Sub-pixel Landsat
ETM Classification of Isolated Wetlands in Cuyahoga County, Ohio, USA [J].
Wetlands, 2012, 32(2): 289-299.

[9] 陈利顶, 刘洋, 吕一河, 等 . 景观生态学中的格局分析: 现状、困境与未来 [J].
生态学报, 2008, 28(11): 5521-5531.

[10] 邬建国 . 景观生态学: 格局、过程、尺度与等级 [M].2 版 . 北京: 高等教育出版社,
2007.

[11] KELLY M, TUXEN K A, STRALBERG D. Mapping changes to vegetation pattern

in a restoring wetland: Finding pattern metrics that are consistent across spatial scale and time [J]. Ecological Indicators, 2011, 11(2): 263-273.

[12] 白军红, 欧阳华, 杨志锋, 等. 湿地景观格局变化研究进展 [J]. 地理科学进展, 2005, 24(4): 36-45.

[13] LAUSCH A, HERZOG F. Applicability of landscape metrics for the monitoring of landscape change: issues of scale, resolution and interpretability [J]. Ecological Indicators, 2002, 2(1): 3-15.

[14] XIAO W, HU Z, ZHANG R, et al. A simulation of mining subsidence and its impacts to land in high ground water area-an integrated approach based on subsidence prediction and GIS [J]. Disaster Advances, 2013, 6: 142-148.

[15] TAFT O W, HAIG S M. Importance of Wetland Landscape Structure to Shorebirds Wintering in an Agricultural Valley[J]. Landscape Ecology, 2006, 21(2): 169-184.

[16] KAHARA S N, MOCKLER R M, HIGGINS K F, et al. Spatiotemporal patterns of wetland occurrence in the Prairie Pothole Region of eastern South Dakota[J]. Wetlands, 2009, 29(2): 678-689.

[17] RANDHIR T O, TSVETKOVA O. Spatio-temporal dynamics of landscape pattern and hydrologic process in watershed systems [J].Journal of Hydrology, 2011, 404(1/2): 1-12.

[18] KETTLEWELL C I, BOUCHARD V, POREJ D, et al. An assessment of wetland impacts and compensatory mitigation in the Cuyahoga River Watershed, Ohio, USA[J]. Wetlands, 2008, 28(1): 57-67.

[19] ANTWI E K, KRAWCZYNSKI R, WIEGLEB G. Detecting the effect of disturbance on habitat diversity and land cover change in a post-mining area using GIS [J]. Landscape and Urban Planning, 2008, 87(1): 22-32.

[20] 王宪礼, 肖笃宁. 辽河三角洲湿地的景观格局分析 [J]. 生态学报, 1997, 17(3): 317-323.

[21] 刘红玉, 吕宪国, 张世奎, 等. 三江平原流域湿地景观破碎化过程研究 [J]. 应用生态学报, 2005, 16(2): 289-295.

[22] 宫兆宁, 张翼然, 宫辉力, 等. 北京湿地景观格局演变特征与驱动机制分析 [J].

地理学报，2011，66(1)：77-88.

[23] 吴钰茹，吴晶晶，毕晓丽，等 . 综合模型法评估黄河三角洲湿地景观连通性 [J]. 生态学报，2022，42(4)：1315-1326.

[24] WU Q, PANG J, QI S, et al. Impacts of coal mining subsidence on the surface landscape in Longkou city, Shandong Province of China [J]. Environmental Earth Sciences, 2009, 59(4): 783-792.

[25] 卞正富，张燕平 . 徐州煤矿区土地利用格局演变分析 [J]. 地理学报，2006，61(4)：349-358.

[26] 李胜男，王根绪，邓伟，等 . 湿地景观格局与水文过程研究进展 [J]. 生态学杂志，2008，27(6)：1012-1020.

[27] 高常军，周德民，栾兆擎，等 . 湿地景观格局演变研究评述 [J]. 长江流域资源与环境，2010，19(4)：460-464.

[28] OPEYEMI Z, WEI J, TRINA W. Modeling the impact of urban landscape change on urban wetlands using similarity weighted instance-based machine learning and markov model [J]. Sustainability, 2017, 9(12): 2223-2246.

[29] MARSCHALKO M, YILMAZ I, LAMICH D, et al. Unique documentation, analysis of origin and development of an undrained depression in a subsidence basin caused by underground coal mining (Kozinec, Czech Republic) [J]. Environmental earth sciences, 2014, 72(1): 11-20.

[30] 周士园，常江，罗萍嘉 . 采煤沉陷湿地景观格局与水文过程研究进展 [J]. 中国矿业，27(12)：98-105.

[31] BAI J, LU Q, WANG J, et al. Landscape pattern evolution processes of alpine wetlands and their driving factors in the Zoige Plateau of China [J]. Journal of Mountain Science, 2013, 10(1): 54-67.

[32] LIU G, ZHANG L, ZHANG Q, et al. Spatio-temporal dynamics of wetland landscape patterns based on remote sensing in Yellow River Delta, China [J]. Wetlands, 2014, 34(4): 787-801.

[33] 彭苏萍，王磊，孟召平，等 . 遥感技术在煤矿区积水塌陷动态监测中的应用——以淮南矿区为例 [J]. 煤炭学报，2002，27(4)：374-378.

[34] 李幸丽. 采煤沉陷次生湿地土地利用变化及驱动力分析 [J]. 煤炭技术，2015，34(3)：314-317.

[35] 范忻. 淮南矿区土地利用变化遥感监测及驱动力分析 [J]. 矿业研究与开发，2012，32(4)：81-84.

[36] 胡振琪，谢宏全. 基于遥感图像的煤矿区土地利用 / 覆盖变化 [J]. 煤炭学报，2005，30(1)：44-48.

[37] 黄家政，赵萍，郑刘根，等. 淮南矿区土地利用 / 覆盖时空变化特征及预测 [J]. 合肥工业大学学报（自然科学版），2014，37(8)：981-986.

[38] 赵丹丹. 基于信息图谱的吉林省西部湿地空间格局演变及驱动机制研究 [D]. 四平：吉林师范大学，2016.

[39] 李保杰. 矿区土地景观格局演变及其生态效应研究 [D]. 徐州：中国矿业大学，2014.

[40] LARONDELLE N，HAASE D. Valuing post-mining landscapes using an ecosystem services approach-An example from Germany [J]. Ecological Indicators，2012，18(1)：567-574.

[41] 张秋菊，傅伯杰，陈利顶. 关于景观格局演变研究的几个问题 [J]. 地理科学，2003，1(3)：264-270.

[42] 吴健生，王政，张理卿，等. 景观格局变化驱动力研究进展 [J]. 地理科学进展，2013，31(12)：1739-1746.

[43] 柏樱岚，王如松，刘晶茹. 基于 PSR 模型的淮北矿区塌陷湿地生态管理评价研究 [A].2009 中国可持续发展论坛论文集 [C]. 北京：中国可持续发展学会，2009：322-327.

[44] TODD M J，MUNEEPEERAKUL R，PUMO D，et al. Hydrological drivers of wetland vegetation community distribution within Everglades National Park，Florida[J]. Advances in Water Resources，2010，33(10)：1279-1289.

[45] MONDAL B，DOLUI G，PRAMANIK M，et al. Urban expansion and wetland shrinkage estimation using a GIS-based model in the East Kolkata Wetland，India[J]. Ecological Indicators，2017，83：62-73.

[46] SICA Y V，QUINTANA R D，RADELOFF V C，et al. Wetland loss due to land

use change in the Lower Paraná River Delta, Argentina [J]. Science of The Total Environment, 2016, 568: 967-978.

[47] JIANG P, CHENG L, LI M, et al. Analysis of landscape fragmentation processes and driving forces in wetlands in arid areas: A case study of the middle reaches of the Heihe River, China [J]. Ecological Indicators, 2014, 46(17): 240-252.

[48] ZHANG L, WU B, YIN K, et al. Erratum to: Impacts of human activities on the evolution of estuarine wetland in the Yangtze Delta from 2000 to 2010 [J]. Environmental Earth Sciences, 2015, 73(7): 3961.

[49] ZHANG J, FU M, HASSANI F, et al. Land use-based landscape planning and restoration in mine closure areas [J]. Environmental Management, 2011, 47(5): 739-750.

[50] 马雄德, 范立民, 张晓团, 等. 榆神府矿区水体湿地演化驱动力分析 [J]. 煤炭学报, 2015, 40(5): 1126-1133.

[51] 孟磊. 采煤驱动下平原小流域生态演变规律及评价 [D]. 徐州: 中国矿业大学, 2010.

[52] BROWN L R. Building a society of sustainable development [M]. Beijing: Scientific and Technological Literature Press, 1984.

[53] 肖笃宁, 陈文波, 郭福良. 论生态安全的基本概念和研究内容 [J]. 应用生态学报, 2002, 13(3): 354-358.

[54] 曲格平. 关注生态安全之一: 生态环境问题已经成为国家安全的热门话题 [J]. 环境保护, 2002(5): 3-5.

[55] 杨京平. 生态安全的系统分析 [M]. 北京: 化学工业出版社, 2002.

[56] 马克明, 傅伯杰, 黎晓亚, 等. 区域生态安全格局: 概念与理论基础 [J]. 生态学报, 2003, 24(4): 761-768.

[57] 王朝科. 湿地生态安全评价刍议 [J]. 图书情报导刊, 2003, 13(6): 114-115.

[58] 崔胜辉, 洪华生, 黄云凤, 等. 生态安全研究进展 [J]. 生态学报, 2003, 25(4): 861-868.

[59] 陈展, 尚鹤, 姚斌. 美国湿地健康评价方法 [J]. 生态学报, 2009, 29(9): 5015-5022.

[60] CAMPBELL K R, BARTELL S M. Ecological models and ecological risk assessment [A].In:Newman MC. Risk assessment:logic and measurement [C]. Michigan: Ann Arbor Press, 1998: 69-100.

[61] TOSIHIRO O, MATSUDA H, KADONO Y. Ecological risk – benefit analysis of a wetland development based on risk assessment using expected loss of biodiversity [J]. Risk analysis: an official publication of the Society for Risk Analysis, 2001, 21(6): 1011-1024.

[62] JOGO W, HASSAN R. Balancing the use of wetlands for economic well-being and ecological security: The case of the Limpopo wetland in southern Africa[J]. Ecological Economics, 2010, 69(7): 1569-1579.

[63] TURYAHABWE N, KAKURU W, TWEHEYO M, et al. Contribution of wetland resources to household food security in Uganda[J]. Agriculture & Food Security, 2013, 2(1): 1-12.

[64] 朱卫红, 苗承玉, 郑小军, 等. 基于 3S 技术的图们江流域湿地生态安全评价与预警研究 [J]. 生态学报, 2012, 34(6): 1379-1390.

[65] 吴健生, 张茜, 曹祺文. 快速城市化地区湿地生态安全评价——以深圳市为例 [J]. 湿地科学, 2017, 15(3): 321-328.

[66] 韩振华, 李建东, 殷红, 等. 基于景观格局的辽河三角洲湿地生态安全分析 [J]. 生态环境学报, 2010, 19(3): 701-705.

[67] 臧淑英, 倪宏伟, 李艳红. 资源型城市土地利用变化与湿地生态安全响应——以黑龙江省大庆市为例 [J]. 地理科学进展, 2004, 23(5): 35-42, 插页.

[68] 苗承玉. 基于景观格局的图们江流域湿地生态安全评价与预警研究 [D]. 延边: 延边大学, 2012.

[69] 欧定华. 城市近郊区景观生态安全格局构建研究 [D]. 成都: 四川农业大学, 2016.

[70] YIN H, KONG F, HU Y, et al. Assessing growth scenarios for their landscape ecological security impact using the SLEUTH urban growth model [J]. Journal of Urban Planning and Development, 2016, 142(2): 1-13.

[71] 李新琪. 新疆艾比湖流域平原区景观生态安全研究 [D]. 上海: 华东师范大学,

2008.

[72] 陈亚娟. 石漠化地区景观生态安全动态评价与预测 [D]. 贵阳: 贵州师范大学, 2017.

[73] 余文波, 蔡海生. 区域生态安全预警评价研究进展 [J]. 中国国土资源经济, 2017, 30(3): 52-58.

[74] 方创琳, 张小雷. 干旱区生态重建与经济可持续发展研究进展 [J]. 生态学报, 2001, 21(7): 1163-1170.

[75] MUNN R E. Global environmental monitoring system (GEMS): Action plan for phasle [M]. Californoa: Available form SCOPE Secretariat, 1973.

[76] 董伟, 张向晖, 苏德, 等. 生态安全预警进展研究 [J]. 环境科学与技术, 2007(12): 97-99.

[77] BRENT T, MIREK S, MARY A J.Ecological monitoring and assessment network's proposed core monitoring variables: an early-warning of environmental change[J]. Environmental Monitoring and Assessment, 2001,67(1/2): 29-56.

[78] DAM R, CAMILLERI C, FINLAYSON C M. The potential of rapid assessment techniques as early warning indicators of wetland degradation: A review[J]. Environmental Toxicology and Water Quality, 1998, 13(4):297-312.

[79] KUMAR V. An early warning system for agricultural drought in an arid region using limited data[J]. Journal of Arid Environments, 1998, 40(2): 199.

[80] KATLAN B, SAYYED M A. Regionnal study on use of geograohical information system and early warning in early warning in desertification control and movement of chistocerca gergaria [M]. Damascus: MAAR Press, 1999.

[81] 傅伯杰. AHP 法在区域生态环境预警中的应用 [J]. 农业系统科学与综合研究, 1992(1): 5-7, 10.

[82] 陈国阶, 何锦峰. 生态环境预警的理论和方法探讨 [J]. 重庆环境科学, 1999, 21(4): 8-11.

[83] 徐成龙, 程钰, 任建兰. 黄河三角洲地区生态安全预警测度及时空格局 [J]. 经济地理, 2014, 34(3): 149-155.

[84] 陶晓燕, 朱九龙. 基于情景预测的矿区生态安全预警评价及驱动因素分析——以

河南义马煤矿为例 [J]. 资源开发与市场, 2016, 32(3): 298-302.

[85] 吴艳霞, 邓楠. 基于 RBF 神经网络模型的资源型城市生态安全预警——以榆林市为例 [J]. 生态经济, 2019, 35(5): 111-118.

[86] 徐美, 刘春腊, 李丹, 等. 基于改进 TOPSIS- 灰色 GM (1,1) 模型的张家界市旅游生态安全动态预警 [J]. 应用生态学报, 2017, 28(11): 3731-3739.

[87] 陈林, 牟凤云, 李梦梅. 基于可拓云模型的区域生态安全预警模型及应用——以垫江县为例 [J]. 科学技术与工程, 2019, 19(35): 402-408.

[88] 董会忠, 吴朋, 万里洋. 基于 NC-AHP 的区域生态安全评价与预警——以黄河三角洲高效生态经济区为例 [J]. 科技管理研究, 2016, 36(9): 79-84, 88.

[89] 高家骥, 李雪铭, 张峰, 等. 南四湖湖泊湿地生态环境预警研究 [J]. 地理科学, 2016, 36(8): 1219-1226.

[90] 郭怀成, 刘永, 戴永立. 小型城市湖泊生态系统预警技术——以武汉市汉阳地区为例 [J]. 生态学杂志, 2004, 23(4): 175-178.

[91] 仇蕾, 王慧敏, 贺瑞敏. 流域生态系统的预警管理框架研究 [J]. 软科学, 2005, 19(1): 46-48.

[92] 刘吉平, 吕宪国, 杨青, 等. 三江平原东北部湿地生态安全格局设计 [J]. 生态学报, 2009, 29(3): 1083-1090.

[93] 中国地质调查局. 水文地质手册 [M].2 版. 北京: 地质出版社, 2012.

[94] 曹文炳. 中国区域水文地质 [M]. 北京: 地质出版社, 2011.

[95] 程爱国, 宁树正, 袁同兴. 中国煤炭资源综合区划研究 [J]. 中国煤炭地质, 2011, 23(8): 5-8.

[96] 袁占亭. 资源型城市转型基本问题与中外模式比较 [M]. 北京: 中国社会科学出版社, 2010.

[97] 袁占亭. 资源型城市空间结构转型与再城市化 [M]. 北京: 中国社会科学出版社, 2010.

[98] SOLIMAN M M, LAMOREAUX P E, MEMON B A, et al. Environmental hydrogeology [M]. Boca Raton: Lewis Publishers, 1998.

[99] 边振兴, 薛卫疆, 王秋兵, 等. 采空沉陷湿地形成动力过程的初步研究 [J]. 湿地科学, 2007, 5(2): 124-127.

[100] 魏婷婷.基于 SWAT 模型的采煤塌陷对泗河流域径流的影响研究 [D]. 北京：中国矿业大学，2015.

[101] 毛汉英，方创琳.兖滕两淮地区采煤塌陷地的类型与综合开发生态模式 [J]. 生态学报，1998，18(5)：449-454.

[102] 国家林业局.中国湿地资源·山东卷 [M]. 北京：中国林业出版社，2015.

[103] 国家林业局.湿地分类 GB/T 24708—2009 [S]. 北京：中国标准出版社，2009.

[104] 陈永春，袁亮，徐翀.淮南矿区利用采煤塌陷区建设平原水库研究 [J]. 煤炭学报，2016，41(11)：2830-2835.

[105] 完永钏，马洪康，王素芳.淮北市采煤塌陷区土地综合开发研究 [J]. 地质灾害与环境保护，2007，18(4)：52-55.

[106] 顾丽，王新杰，龚直文，等.基于 RS 与 GIS 的北京近 30 年湿地景观格局变化分析 [J]. 北京林业大学学报，2010，32(4)：65-71.

[107] 孙青言，陆春辉，李慧，等.开采沉陷区水系与集水区变化预测分析 [J]. 水电能源科学，2015，33(1)：26-29，33.

[108] 蒋正举."资源 - 资产 - 资本"视角下矿山废弃地转化理论及其应用研究 [D]. 徐州：中国矿业大学，2014.

[109] 徐州市国土资源局.徐州市矿产资源总体规划（2016—2020 年）[EB/OL].(2018-07-26) [2018-11-5].http://www.jsmlr.gov.cn.

[110] GRÜNEWALD U. Water resources management in river catchments influenced by lignite mining [J]. Ecological Engineering，2001，17(2/3)：143-152.

[111] 叶正伟.淮河流域湿地的生态脆弱性特征研究 [J]. 水土保持研究，2007，14(4)：24-29.

[112] CUENCA M C，HOOPER A J，HANSSEN R F. Surface deformation induced by water influx in the abandoned coal mines in Limburg，The Netherlands observed by satellite radar interferometry [J]. Journal of Applied Geophysics，2013，88(1)：1-11.

[113] FAHRIG L. Effects of habitat fragmentation on biodiversity [J]. Annual Review of Ecology Evolution and Systematics，2003，34：487-515.

[114] 崔保山.湿地学 [M]. 北京：北京师范大学出版社，2006.

[115] 赵博.开采沉陷区河湖连通与水生态模式构建综合技术研究 [D]. 合肥：安徽农

业大学，2016.

[116] 周士园，常江，罗萍嘉，等. 资源型城市转型中的规划引导研究：以徐州市为例 [J]. 中国矿业，2016, 25(11): 88-92.

[117] 杨显明，焦华富，许吉黎. 淮北城市空间结构演化及优化研究 [J]. 世界地理研究，2014(4): 127-135.

[118] 刘家宏，王浩，高学睿，等. 城市水文学研究综述 [J]. 科学通报，2014, 59(36): 3581-3590.

[119] 淮北市人民政府. 自然地理 [EB/OL].(2015-08-27)[2019-3-18].http://www.huaibei. gov.cn/ljhb/zrdl/index.html.

[120] 淮北市国土资源局. 淮北市矿产资源总体规划(2016—2020 年)[EB/OL].(2018-06-28)[2018-10-29]. http://gt.huaibei. gov.cn/content/detail/5b343431a6039cd318fc7833. html.

[121] 刘杰，易齐涛，严家平. 淮北濉萧矿区采煤塌陷区水污染特征及评价 [J]. 中国煤炭地质，2018, 30(5): 53-60, 71.

[122] 淮北市统计局. 淮北统计年鉴 2021[Z].2021.

[123] 李成军. 中国煤矿城市经济转型研究 [M]. 北京: 中国市场出版社，2005.

[124] 李刚. 遥感影像处理综合应用教程 [M]. 武汉: 武汉大学出版社，2017.

[125] 张树文，颜凤芹，于灵雪，等. 湿地遥感研究进展 [J]. 地理科学，2013, 33(11): 1406-1412.

[126] 恭映璧. 长沙城市湿地景观格局时空演变与驱动机制研究 [D]. 长沙: 中南林业科技大学，2013.

[127] 杨仁欣，杨燕，原晶晶. 基于高光谱图像的分类方法研究 [J]. 广西师范学院学报（自然科学版），2015(3): 38-44.

[128] ALDWAIK S Z, PONTIUS R G. Intensity analysis to unify measurements of size and stationarity of land changes by interval, category and transition[J]. Landscape and Urban Planning, 2012, 106(1): 103-114.

[129] ROMERO-RUIZ M H, FLANTUA S, TANSEY K, et al. Landscape transformations in savannas of northern South America: Land use/cover changes since 1987 in the Llanos Orientales of Colombia[J]. Applied Geography, 2012,

32(2)：766-776.

[130] HUANG B，HUANG J，PONTIUS R G J，et al. Comparison of intensity analysis and the land use dynamic degrees to measure land changes outside versus inside the coastal zone of Longhai，China [J]. Ecological Indicators，2018，89：336-347.

[131] 孙云华，郭涛，崔希民 . 昆明市土地利用变化的强度分析与稳定性研究 [J]. 地理科学进展，2016，35(2)：245-254.

[132] ZHANG W，JIANG J，ZHU Y. Change in urban wetlands and their cold island effects in response to rapid urbanization[J]. Chinese Geographical Science，2015，25(4)：462-471.

[133] TOBLER W R. A computer movie simulating urban growth in the Detroit region[J]. Economic Geography，1970，46(2)：234-240.

[134] ANSELIN L，GETIS A . Spatial statistical analysis and geographic information systems[J]. The Annals of Regional Science，1992，26(1)：19-33.

[135] DINIZ-FILHO J A F，BARBOSA A C O F，COLLEVATTI R G，et al. Spatial autocorrelation analysis and ecological niche modelling allows inference of range dynamics driving the population genetic structure of a neotropical savanna tree[J]. Journal of Biogeography，2016，43(1)：167-177.

[136] ZHOU S，CHANG J，HU T，et al. Spatiotemporal variations of land use and landscape ecological risk in a resource-based city，from rapid development to recession[J]. Polish Journal of Environmental，2020，29(1)：475-490.

[137] ZANK B，BAGSTAD K，VOIGT B，et al. Modeling the effects of urban expansion on natural capital stocks and ecosystem service flows：a case study in the Puget Sound，Washington，USA[J]. Landscape and Urban Planning，2016，149：31-42.

[138] 付金霞，郑粉莉，李媛媛 . 小理河流域土地利用空间自相关格局与影响因素分析 [J]. 农业机械学报，2017，48(1)：128-138.

[139] WU B，YU B，WU Q，et al. An extended minimum spanning tree method for characterizing local urban patterns[J]. International Journal of Geographical Information Science，2018，32(3)：450-475.

[140] 王振波, 方创琳, 许光, 等.2014 年中国城市 PM_(2.5) 浓度的时空变化规律 [J]. 地理学报, 2015, 70(11): 1720-1734.

[141] 张爱静. 水文过程对黄河口湿地景观格局演变的驱动机制研究 [D]. 北京: 中国水利水电科学研究院, 2013.

[142] 郑新奇, 付梅臣. 景观格局空间分析技术及其应用 [M]. 北京: 科学出版社, 2010.

[143] 张月, 张飞, 王娟, 等. 近 40 年艾比湖湿地自然保护区生态干扰度时空动态及景观格局变化 [J]. 生态学报, 2017, 37(21): 7082-7097.

[144] 孙贤斌, 刘红玉. 土地利用变化对湿地景观连通性的影响及连通性优化效应——以江苏盐城海滨湿地为例 [J]. 自然资源学报, 2010, 25(6): 892-903.

[145] 孙才志, 闫晓露. 基于 GIS-Logistic 耦合模型的下辽河平原景观格局变化驱动机制分析 [J]. 生态学报, 2014, 34(24): 7280-7292.

[146] 傅伯杰, 陈利顶, 马克明, 等. 景观生态学原理及应用 [M]. 北京: 科学出版社, 2001.

[147] CUI L, GAO C, ZHOU D, et al. Quantitative analysis of the driving forces causing declines in marsh wetland landscapes in the Honghe region, northeast China, from 1975 to 2006[J]. Environmental Earth Sciences, 2014, 71(3): 1357-1367.

[148] JIANG P, CHENG L, LI M, et al. Analysis of landscape fragmentation processes and driving forces in wetlands in arid areas: A case study of the middle reaches of the Heihe River, China[J]. Ecological Indicators, 2014, 46: 240-252.

[149] 侯明行, 刘红玉, 张华兵, 等. 地形因子对盐城滨海湿地景观分布与演变的影响 [J]. 生态学报, 2013, 33(12): 3765-3773.

[150] JIANG W, WANG W, CHEN Y, et al. Quantifying driving forces of urban wetlands change in Beijing City[J]. Journal of Geographical Sciences, 2012, 22(2): 301-314.

[151] 安徽水旱情信息网. 淮北地区浅层地下水水位 [EB/OL].(2019-06-10)[2019-6-29]. http: //61.191.22.157/Default.aspx.

[152] 徐新良. 中国 GDP 空间分布公里网格数据集 [DB/OL]. 北京: 中国科学院资源

环境科学数据中心数据注册与出版系统 (http: //www.resdc.cn/DOI)，2017[2020-
06-28].DOI：10.12078/2017121102.

[153] 徐新良，刘洛，蔡红艳.中国农田生产潜力数据集 [DB/OL]. 北京：中国科
学院资源环境科学数据中心数据注册与出版系统 (http://www.resdc.cn/DOI)，
2017[2020-06-28].DOI：10.12078/2017122301.

[154] 张树苗，白加德，李夷平，等.城市化进程下北京市湿地面积变化研究 [J]. 湿
地科学，2018，16(1)：30-32.

[155] 郑小康，李春晖，黄国和，等.流域城市化对湿地生态系统的影响研究进展 [J].
湿地科学，2008，6(1)：87-96.

[156] 俞露，丁年.城市蓝线规划编制方法概析——以《深圳市蓝线规划》为例 [J].
城市规划学刊，2010(S1)：88-92.

[157] 郝晋伟，李建伟，刘科伟.城市总体规划中的空间管制体系建构研究 [J]. 城市
规划，2013，37(4)：62-67.

[158] 淮北自然资源局.淮北市矿山地质环境保护与治理规划 (2016—2025 年)
[Z].2019.

[159] 李伟.淮北市开采沉陷区综合利用及规划策略研究 [D]. 合肥：安徽建筑大学，
2017.

[160] 李洪，宫兆宁，赵文吉，等.基于 Logistic 回归模型的北京市水库湿地演变驱
动力分析 [J]. 地理学报，2012，67(3)：357-367.

[161] 张文彤，董伟.SPSS 统计分析高级教程 [M]. 北京：高等教育出版社，2013.

[162] 徐嘉兴.典型平原矿区土地生态演变及评价研究 [D]. 徐州：中国矿业大学，
2013.

[163] XIE H，Li B.Driving forces analysis of land-use pattern changes based on logistic
regression model in the farming-pastoral zone：A case study of Ongiud Banner，
Inner Mongolia[J]. Geographical Research，2008，27(2)：294-304.

[164] 李春林，刘淼，胡远满，等.基于增强回归树和 Logistic 回归的城市扩展驱动
力分析 [J]. 生态学报，2014，34(3)：727-737.

[165] ABURAS M M，HO Y M，RAMLI M F，et al. The simulation and prediction of
spatio-temporal urban growth trends using cellular automata models：A review[J].

International Journal of Applied Earth Observation and Geoinformation, 2016, 52: 380-389.

[166] LUO G, AMUTI T, ZHU L, et al. Dynamics of landscape patterns in an inland river delta of Central Asia based on a cellular automata-Markov model[J]. Regional Environmental Change, 2015, 15(2): 277-289.

[167] 何丹, 金凤君, 周璟. 基于 Logistic-CA-Markov 的土地利用景观格局变化——以京津冀都市圈为例 [J]. 地理科学, 2011, 31(8): 903-910.

[168] WOLFRAM S. Cellular automata as models of complexity[J]. Nature, 1984, 311: 419-424.

[169] LI X, YEH G O. Modelling sustainable urban development by the integration of constrained cellular automata and GIS [J]. International Journal of Geographical Information Science, 2000, 14(2): 131-152.

[170] GRONEWOLD A, SONNENSCHEIN M. Event-based modelling of ecological systems with asynchronous cellular automata [J]. Ecological Modelling, 1998, 108(1/3): 37-52.

[171] 黎夏, 杨青生, 刘小平. 基于 CA 的城市演变的知识挖掘及规划情景模拟 [J]. 中国科学 D 辑, 2007, 37(9): 1242-1251.

[172] 周成虎, 孙战利, 谢一春. 地理元胞自动机研究 [M]. 北京: 科学出版社, 1999.

[173] 李少英, 刘小平, 黎夏, 等. 土地利用变化模拟模型及应用研究进展 [J]. 遥感学报, 2017, 21(3): 329-340.

[174] ARSANJANI J J, HELBICH M, KAINZ W, et al. Integration of logistic regression, Markov chain and cellular automata models to simulate urban expansion[J]. International Journal of Applied Earth Observation and Geoinformation, 2013, 21: 265-275.

[175] 刘甲红, 胡潭高, 潘骁骏, 等. 基于 Markov-CLUES 耦合模型的杭州湾湿地多情景模拟研究 [J]. 生态环境学报, 2018, 27(7): 1359-1368.

[176] 国家林业局, 易道环境规划设计有限公司. 湿地恢复手册: 原则、技术与案例分析 [M]. 北京: 中国建筑工业出版社, 2006.

[177] SHI Y, LI Q, XIE M. Evaluation of the ecological sensitivity and security of tidal

flats in Shanghai[J]. Ecological Indicators, 2018, 85(FEBa): 729-741.

[178] 廖柳文, 秦建新. 环长株潭城市群湿地生态安全研究 [J]. 地球信息科学学报, 2016, 18(9): 1217-1226.

[179] 杜培军, 陈宇, 谭琨. 湿地景观格局与生态安全遥感监测分析——以江苏滨海湿地为例 [J]. 国土资源遥感, 2014, 26(1): 158-166.

[180] 宋豫秦, 曹明兰. 基于 RS 和 GIS 的北京市景观生态安全评价 [J]. 应用生态学报, 2010, 21(11): 2889-2895.

[181] 许有鹏. 长江三角洲地区城市化对流域水系与水文过程的影响 [M]. 北京: 科学出版社, 2012.

[182] 毛锋, 李晓阳, 张安地, 等. 湖库生态安全综合评估的方法探析 [J]. 北京大学学报（自然科学版）, 2009, 45(2): 327-332.

[183] 邵玉龙, 许有鹏, 马爽爽. 太湖流域城市化发展下水系结构与河网连通变化分析——以苏州市中心区为例 [J]. 长江流域资源与环境, 2012, 21(10): 1167-1172.

[184] 陈昆仑, 齐漫, 王旭, 等. 1995—2015 年武汉城市湖泊景观生态安全格局演化 [J]. 生态学报, 39(5): 1725-1734.

[185] 傅伯杰, 张立伟. 土地利用变化与生态系统服务: 概念、方法与进展 [J]. 地理科学进展, 2014, 33(4): 441-446.

[186] LU Y, WANG X, XIE Y, et al. Integrating future land use scenarios to evaluate the spatio-temporal dynamics of landscape ecological security[J].Sustainability, 2016, 8(12): 1-20.

[187] XIE G, ZHEN L, LU C, et al. Applying value transfer method for eco-service valuation in China [J]. Journal of Resources and Ecology, 2010, 1(1): 51-59.

[188] 谢高地, 张彩霞, 张雷明, 等. 基于单位面积价值当量因子的生态系统服务价值化方法改进 [J]. 自然资源学报, 2015, 30(8): 1243-1254.

[189] 江河湖泊生态环境保护项目技术组. 湖泊生态安全调查与评估技术指南 [M]. 北京: 中国标准出版社, 2012.

[190] 李刚, 李建平, 孙晓蕾, 等. 主客观权重的组合方式及其合理性研究[J].管理评论, 2017, 29(12): 17-26, 61.

[191] 李悦，袁若愚，刘洋，等．基于综合权重法的青岛市湿地生态安全评价 [J]. 生态学杂志，2019，38(3)：847-855.

[192] 韩大勇，杨永兴，杨杨，等．湿地退化研究进展 [J]. 生态学报，2012，32(4)：1293-1307.

[193] 黎晓亚，马克明，傅伯杰，等．区域生态安全格局：设计原则与方法 [J]. 生态学报，2004，24(5)：1055-1062.

[194] 游巍斌，覃德华，纪志荣，等．世界双遗产地生态安全预警体系构建及应用——以武夷山风景名胜区为例 [J]. 应用生态学报，2014，25(5)：1455-1467.

[195] TIAN D，WE X，HUA Z，et al. A framework for regional ecological risk warning based on ecosystem service approach： A case study in Ganzi，China [J]. Sustainability，2018，10(8)：1-13.

[196] 吴冠岑．区域土地生态安全预警研究 [D]. 南京：南京农业大学，2008.

[197] 孙凡，李天云，黄轲，等．重庆市生态安全评价与监测预警研究——理论与指标体系 [J]. 西南大学学报（自然科学版），2005，27(6)：757-762.

[198] 王如松．生态文明建设的控制论机理、认识误区与融贯路径 [J]. 中国科学院院刊，2013，2(2)：173-181.

[199] 陈溪．湿地保护制度变迁动因的研究——美国经验及其对中国的启示 [D]. 大连：大连理工大学，2016.

[200] 李玮骐．城市湿地资源调查与保护规划研究 [D]. 合肥：安徽农业大学，2013.

[201] 周晶，章锦河，陈静，等．中国湿地自然保护区、湿地公园和国际重要湿地的空间结构分析 [J]. 湿地科学，2014，12(5)：597-605.

[202] 潘佳，汪劲．中国湿地保护立法的现状、问题与完善对策 [J]. 资源科学，2017，39(4)：795-804.

[203] 徐美．湖南省土地生态安全预警及调控研究 [D]. 长沙：湖南师范大学，2013.

[204] 李干杰．"生态保护红线"——确保国家生态安全的生命线 [J]. 求是，2014(2)：44-46.

[205] 陈利顶，傅伯杰，赵文武．"源""汇"景观理论及其生态学意义 [J]. 生态学报，2006，26(5)：1444-1449.

[206] 吴后建，但新球，舒勇，等．中国国家湿地公园：现状、挑战和对策 [J]. 湿地科学，

2015, 13(3): 306-314.

[207] 余济 . 淮北市南湖水源地水量配置及调度方案研究 [D]. 合肥：合肥工业大学，2013.

[208] 刘飞 . 淮北市南湖湿地生态系统服务及价值评估 [J]. 自然资源学报，2009(10): 1818-1828.

[209] 赵晖，陈佳秋，陈鑫，等 . 小微湿地的保护与管理 [J]. 湿地科学与管理，2018, 14(4): 22-26.

[210] BIGGS J, VON-FUMETTI F, KELLY-QUINN M. The importance of small waterbodies for biodiversity and ecosystem services: implications for policy makers[J]. Hydrobiologia, 2017, 793(1): 3-39.

[211] 顾艳 . 几种小微湿地生态修复工程的生态效应分析 [D]. 南京：南京大学，2019.

[212] TANG X, HUANG S, SCHOLZ M, et al. Nutrient removal in pilot-scale constructed wetlands treating eutrophic river water: assessment of plants, intermittent artificial aeration and polyhedron hollow polypropylene balls[J]. Water Air and Soil Pollution, 2009, 197(1/4): 61-73.

[213] 李龙山，倪细炉，李志刚，等 .5 种湿地植物生理生长特性变化及其对污水净化效果的研究 [J]. 农业环境科学学报，2013, 32(8): 1625-1632.

[214] 曹笑笑，吕宪国，张仲胜，等 . 人工湿地设计研究进展 [J]. 湿地科学，2013, 11(1): 121-128.

[215] 梁康，王启烁，王飞华，等 . 人工湿地处理生活污水的研究进展 [J]. 农业环境科学学报，2014, 33(3): 422-428.